大数据
分析与应用基础

主编● 兰晓红　马　燕

重庆大学出版社

内容简介

本书重点介绍大数据分析的主要算法及主流计算框架，强调理实一体化的教学模式和方法。在讲解各种计算分析方法的同时，本书对核心技术配以相应的实训项目或案例，真正训练学生解决大数据问题的实践能力。本书内容包括：大数据计算分析技术概述、大数据计算分析常用算法及场景、大数据离线计算分析技术、大数据流式计算分析技术、机器学习在大数据计算分析中的应用。最后本书还以进出口管理风险评估大数据平台设计与实现为例，设置了综合前述知识的实战项目。

本书可作为高等学校大数据、云计算、人工智能等相关专业教材，同时也适合希望深入了解大数据计算分析技术的开发人员学习使用。

图书在版编目(CIP)数据

大数据分析与应用基础 / 兰晓红, 马燕主编 . -- 重庆 : 重庆大学出版社, 2024.2

(万卷方法)

ISBN 978-7-5689-4338-3

Ⅰ.①大… Ⅱ.①兰… ②马… Ⅲ.①数据处理 Ⅳ.①TP274

中国国家版本馆 CIP 数据核字(2024)第 017592 号

大数据分析与应用基础

主　编　兰晓红　马　燕

策划编辑　林佳木

责任编辑:付　勇　　版式设计:林佳木

责任校对:刘志刚　　责任印制:张　策

*

重庆大学出版社出版发行

出版人:陈晓阳

社址:重庆市沙坪坝区大学城西路 21 号

邮编:401331

电话:(023)88617190　88617185(中小学)

传真:(023)88617186　88617166

网址:http: //www. cqup. com. cn

邮箱:fxk@ cqup. com. cn (营销中心)

全国新华书店经销

重庆新荟雅科技有限公司印刷

开本:787mm×1092mm　1/16　印张:14　字数:276 千

2024 年 2 月第 1 版　2024 年 2 月第 1 次印刷

印数:1—2 000

ISBN 978-7-5689-4338-3　定价:58.00 元

编委会

序

人类文明的进步总是以科技的突破性成就为标志。19世纪,蒸汽机引领世界;20世纪,石油和电力扮演主角;21世纪,人类进入了大数据时代,数据已然成为当今世界的基础性战略资源。

随着移动网络、云计算、物联网等新兴技术迅猛发展,全球数据呈爆炸式增长,影响深远的大数据时代已经开启大幕,大数据正在不知不觉改变着人们的生活和思维方式。从某种意义上说,谁能下好大数据这盘棋,谁就能在未来的竞争中占据优势掌握主动。大数据竞争的核心是高素质大数据人才的竞争,大数据所具有的规模性、多样性、流动性和高价值等特征决定了大数据人才必须是复合型人才,需要具备超强的综合能力。

国务院发布的《关于印发促进大数据发展行动纲要的通知》,明确鼓励高校设立数据科学和数据工程相关专业,重点培养专业化数据工程师等大数据专业人才。随后,教育部先后设置"数据科学与大数据技术"本科专业和"大数据技术与应用"高职专业。近年来,许多高校先后设立了大数据相关专业。

上海德拓信息技术股份有限公司联合多所高校共同开发了一套大数据系列教材,包含《大数据导论》《Python大数据应用实战》《大数据采集技术与应用》《大数据存储技术与应用》《**大数据分析与应用基础**》及《大数据项目实战》。每本教材既相对独立又与其他教材互相呼应。根据真实大数据应用项目开发的"采、存、析、视"等几个关键环节，编写对应的教材。教材的重点是讲授项目开发所需专业知识和专业技能，同时通过真实项目(实战)培养读者利用大数据方法解决具体行业应用问题的能力。

本套丛书由浅入深地讲授大数据专业理论、专业技能，包含大数据专业基础课程、骨干核心课程和综合应用课程，是一套体系完整、理实结合、案例真实的大数据专业教材，非常适合作为应用型本科和高职高专学校大数据专业的教材。

上海德拓信息技术股份有限公司 董事长

谢赟

2023年5月

FOREWORD

前　言

早在1980年，著名未来学家阿尔文·托夫勒便在《第三次浪潮》一书中，明确提出"数据就是财富"这一观点，并将大数据热情地赞颂为"第三次浪潮的华彩乐章"。随着大数据时代的到来，数据已被视为硬件、软件、网络之外的第四种计算资源。2012年，美国和中国分别将大数据提升到国家战略高度，大数据应用已成为行业热点和产业发展新的增长点。大数据正广泛应用于政府决策部门、行业企业、研究机构等行业，并创造着巨大价值。

大数据技术是一个典型的跨领域研究方向，在数据的采集、存储、传输、管理、安全和分析等诸多方面均面临挑战，其中，大数据计算分析提供了核心的技术支撑。大数据的计算处理不仅涉及各类数据分析挖掘算法，而且其计算系统的性能更多依赖于计算模型与计算架构。本书结合多种应用场景和实例，按照大数据系统处理的"采、存、析、视"四环节脉络，面向大数据的"析"(即计算分析)环节，系统介绍了大数据计算分析所涉及的关键技术和应用，重点介绍了大数据计算分析的主要算法及主流计算框架，并以数据处理需求为主线，全面地讲解了离线计算、流式计算、实时计算模式以及典型架构。

面对国家的"大数据"战略发展需求，许多高校新开设了大数据技术与应用、数据科学与大数据技术专业，大数据计算分析成为其专业主干课程，其他如计算机科学与技术、软件工程、云计算、物联网、人工智能等专业，也都需要开设大数据计算分析课程，因此迫切需要一本全面介绍大数据计算分析技术及应用的专业教材。本书就在这样的背景下诞生了。本书作者拥有多年的大数据专业研究和教学经验，希望能够通过本书将其在大数据计算分析领域的技术应用分享给读者。

本书特点：

(1)理论与实践结合紧密。本书语言通俗易懂、图文并茂。绘制大量插图来展示所讲理论，基于大数据平台进行实战演练，做到理论不再抽象，实践不再盲目。

(2)教学案例丰富。案例设计力求创新，设计思路循序渐进，环环相扣。案例形式新颖而不失严谨务实，内容简洁清晰而不失深刻厚重。

大数据计算分析是一个新兴技术领域且仍在高速发展中，新的概念、方法和技术不断涌现。

本书由重庆师范大学计算机学院兰晓红、马燕担任主编。本书在编写过程中得到了重庆师范大学智慧教育研究院、上海德拓信息技术股份有限公司的大力支持，在此表示由衷的感谢！

限于编者水平，书中难免存在疏漏之处，欢迎广大同行、专家及读者批评指正，我们会积极对本书进行修订和补充。

编　者

2023年5月

CONTENTS

目 录

第1章 大数据计算分析技术概述 ……1

1.1 大数据核心技术 ……2

1.1.1 分布式存储 ……2

1.1.2 分布式计算 ……3

1.2 大数据技术生态圈 ……5

1.3 数据分析与大数据分析 ……9

1.3.1 数据分析 ……9

1.3.2 大数据分析 ……10

1.3.3 大数据计算分析的价值 ……11

1.4 大数据计算框架 ……13

1.4.1 大数据计算框架分类 ……13

1.4.2 批处理框架 ……15

1.4.3 流式计算框架 ……16

1.4.4 内存计算框架 ……16

1.4.5 图计算框架 ……17

1.5 大数据计算分析平台 ……19

1.5.1 DANA Studio ……19

1.5.2 MaxCompute ……20

1.5.3 LeapHD ……21

1.6 本章小结 ……22

1.7 课后作业 ……22

第2章 大数据计算分析常用算法及场景 ……23

2.1 分类 ……24

2.1.1 什么是分类 ……24

2.1.2 分类过程 ……25

2.1.3 典型分类算法 ……26

2.1.4 案例:海洋生物分类 ……30

2.2 聚类 ……32

2.2.1 什么是聚类 ……32

2.2.2 聚类过程 ……32

2.2.3 典型聚类算法 ……36

2.2.4 案例:鸢尾花分类 ……38

2.3 回归分析 ······39
2.3.1 什么是回归分析 ······40
2.3.2 回归分析分类 ······40
2.3.3 常用回归分析软件 ······42
2.3.4 案例:广告投入与产品销量预测······45
2.4 关联规则 ······46
2.4.1 什么是关联规则 ······47
2.4.2 关联规则挖掘过程 ······48
2.4.3 关联规则典型算法 ······48
2.4.4 案例:毒蘑菇的相似特征······49
2.5 Web数据挖掘 ······51
2.5.1 什么是Web数据挖掘 ······51
2.5.2 Web数据挖掘的类型及流程 ······52
2.5.3 典型Web数据挖掘技术 ······54
2.5.4 案例:支付中的交易欺诈侦测······55
2.6 本章小结 ······55
2.7 课后作业 ······55

第3章 大数据离线计算分析技术 ······57
3.1 MapReduce计算模型 ······58
3.1.1 并行计算 ······59
3.1.2 分布式计算 ······60
3.1.3 MapReduce计算框架 ······61
3.1.4 MapReduce键值对和输入输出 ······65
3.1.5 MapReduce工作流程 ······65
3.1.6 MapReduce应用编程 ······67
3.2 交互式计算模式 ······75
3.2.1 交互式数据处理 ······76
3.2.2 Hive在交互式计算中的应用 ······76
3.2.3 HBase在交互式计算中的应用 ······84
3.2.4 Spark SQL在交互式计算中的应用······91
3.2.5 Eagles在交互式计算中的应用 ······96
3.3 图并行计算框架 ······98
3.3.1 图并行计算 ······99
3.3.2 图存储模式 ······99
3.3.3 图计算框架······100
3.3.4 Spark GraphX框架及编程实例······101
3.4 大数据离线分析案例:Web日志数据分析 ······106
3.4.1 需求描述······106

3.4.2 数据来源……106
3.4.3 数据处理……106
3.4.4 效果呈现……113
3.5 本章小结……113
3.6 课后作业……114

第4章 大数据流式计算分析技术……115
4.1 大数据流式计算概述……116
4.1.1 流式计算……117
4.1.2 分布式流计算……119
4.2 Storm流式计算框架……120
4.2.1 Storm流计算概述……120
4.2.2 Storm流计算架构……122
4.2.3 Storm工作机制……126
4.2.4 Storm流计算编程案例……128
4.3 Spark Streaming流计算框架……130
4.3.1 Spark关键组件……130
4.3.2 Spark Streaming数据流……133
4.3.3 Spark Streaming工作原理……136
4.3.4 Spark Streaming流计算编程模型……139
4.3.5 Spark Streaming流计算编程案例……145
4.4 大数据内存计算框架……146
4.4.1 内存计算概述……146
4.4.2 内存计算中分布式缓存体系……148
4.4.3 内存数据库……151
4.4.4 Spark SQL在内存计算中的应用……152
4.5 大数据流式计算应用案例:Storm单词计数……153
4.5.1 功能描述……153
4.5.2 关键代码……153
4.5.3 RandomSentenceSpout的实现及生命周期……154
4.5.4 SplitSentenceBolt的实现及生命周期……154
4.5.5 WordCountBolt的实现及生命周期……155
4.6 本章小结……155
4.7 课后作业……156

第5章 机器学习在大数据计算分析中的应用……158
5.1 机器学习概述……159
5.1.1 机器学习的定义……159
5.1.2 大数据与机器学习……160

5.1.3 人工智能、机器学习及深度学习 ……162
5.1.4 机器学习的类型……165
5.2 Spark MLlib机器学习库……168
5.2.1 Spark MLBase分布式机器学习系统……168
5.2.2 Spark MLlib支持的机器学习算法……169
5.2.3 Spark MLlib与Spark ML Pipeline ……170
5.2.4 使用Spark MLlib实现K-means聚类分析……171
5.3 TensorFlow计算框架 ……178
5.3.1 TensorFlow概述 ……178
5.3.2 TensorFlow编程思想 ……181
5.3.3 TensorFlow架构 ……182
5.3.4 基于TensorFlow的机器学习应用实例 ……184
5.4 本章小结……185
5.5 课后作业……186

第6章 项目实战——进出口管理风险评估大数据平台设计与实现 ……187
6.1 项目背景……188
6.2 进出口管理风险评估大数据平台需求分析……189
6.2.1 平台功能需求……189
6.2.2 平台开发软件需求……190
6.2.3 平台硬件环境需求……191
6.2.4 平台数据需求……191
6.3 进出口管理风险评估大数据平台设计及实现……191
6.3.1 基于DANA 4.0的大数据开发流程 ……192
6.3.2 进出口管理风险评估大数据平台的系统架构……193
6.3.3 进出口管理风险评估大数据平台的数据采集……193
6.3.4 进出口管理风险评估大数据平台的数据存储……194
6.3.5 进出口管理风险评估大数据平台的数据分析……196
6.3.6 进出口管理风险评估大数据平台的实现效果……203
6.4 本章小结……207
6.5 课后作业……208

参考文献……209

Chapter 1

第1章　大数据计算分析技术概述

- 了解大数据核心技术
- 认识大数据技术生态圈
- 掌握大数据计算分析价值
- 了解大数据计算框架
- 认识大数据计算分析平台

本章重点：

- 大数据核心技术
- 大数据技术生态圈
- 大数据计算框架

随着互联网和云计算的飞速发展、物联网和社交网络的日益普及，当今社会已进入大数据时代。大数据作为一个时代、一项技术、一个挑战、一种文化，对社会的发展带来了深刻的影响。

1.1 大数据核心技术

大数据的核心技术主要有两大部分：一是数据的存储，二是数据的计算分析。对于数据的存储和计算分析，传统数据库、数据仓库等产品已经给出了非常完善的解决方案，为何还要采用大数据技术来处理呢？

传统数据库和数据仓库的底层存储和计算结构基本采用的都是B+树算法。这种算法有个特点，就是在数据量不大的情况下性能非常好，一旦数据量超过一定的阈值，此算法的性能便出现断崖式下降，即使增加服务器来扩展集群存储和计算，也无法从根本上解决问题。因为这种解决办法类似于在一个数据库服务器的基础上，购买大量磁盘来扩展存储和计算，所以它不是真正意义上的分布式存储和计算。当数据量非常大时，传统的数据库和数据仓库即使可以勉强存储，也很难对这些数据进行更进一步的统计和分析应用。

大数据技术主要解决的问题就是进行真正意义上的“分布式存储”和“分布式计算”。

1.1.1 分布式存储

分布式存储是一个大的概念，其包含的种类繁多，除了传统意义上的分布式文件系统(Hadoop Distributed File System，HDFS)、分布式块存储和分布式对象存储外，还包括分布式数据库和分布式缓存等。这里仅对分布式文件系统等传统意义上的存储架构进行介绍，对数据库等内容不做介绍。

分布式存储是相对于集中式存储来说的，分布式存储最早由谷歌提出，其目的是通过廉价的服务器来解决使用大规模、高并发场景下的Web访问问题。图1-1是谷歌(Google)分布式文件系统的架构模型。在该系统的整个架构中服务器被分为两种类型，一种名为NameNode，这种类型的节点负责管理数据(元数据)的管理；另外一种名为DataNode，这种类型的服务器负责实际数据的管理。

在图1-1所示的分布式存储中，如果客户端需要从某个文件读取数据，首先从NameNode获取该文件的位置(具体在哪个DataNode)，然后从该位置获取具体的数据。在该架构中NameNode通常是主备部署，而DataNode则是由大量节点构成的集群。由于元数据的访问频度和访问量相对数据都要小很多，因此NameNode通常不会成为性能瓶颈，而DataNode集群可以分散客户端的请求。因此，通过这种分布式存储架构可以通过横向扩展DataNode的数量来增加承载能力，也就实现了动态横向扩展的能力。

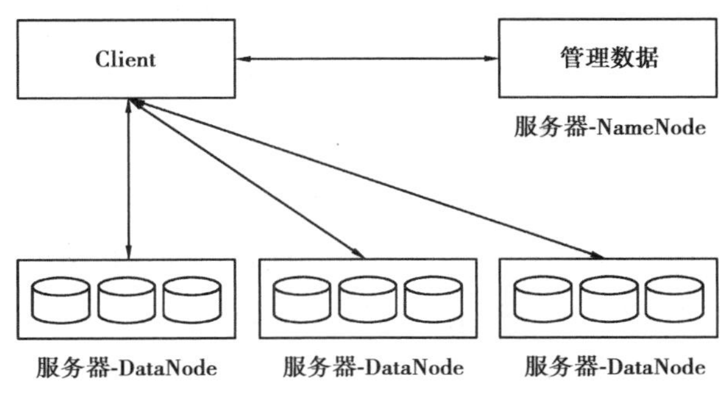

图1-1　HDFS架构模型

HDFS，作为Google File System（GFS）的实现，是Hadoop项目的核心子项目，是分布式计算中数据存储管理的基础，是基于流数据模式访问和处理超大文件的需求而开发的，可以运行于廉价的商用服务器上。它所具有的高容错、高可靠性、高可扩展性、高获得性、高吞吐率等特征为海量数据提供了不怕故障的存储，为超大数据集（Large Data Set）的应用处理带来了很多便利。

1.1.2　分布式计算

将数据分布式地存储在多台服务器上后，如何分布式地在这些由多台服务器组成的文件系统上进行数据并行计算分析呢？

首先，什么是分布式计算？简单理解就是将大量的数据分割成多个小块，由多台计算机分工计算后对结果进行汇总。这些执行分布式计算的计算机就叫集群。

为什么需要分布式计算？因为“大数据”来了，单个计算机不够用了，即数据量远远超出单个计算机的处理能力范围。有时候是单位时间内的数据量大，比如在12306网上买票，每秒可能有数以万计的访问；也有可能是数据总量大，比如百度搜索引擎，要在服务器上检索数亿的中文网页信息。

实现分布式计算的方案有很多，在大数据技术出现之前就已经有科研人员在研究，但一直没被广泛应用，直到2004年Google公布了MapReduce之后才大热了起来。MapReduce是分布式计算在大数据领域的应用。

下面从一个新闻门户网站数据分析来看看分布式计算思想。

假设一个新闻门户网站，每天可能有上千万用户涌入进来看新闻，那么他们会怎样看新闻呢？其实很简单，首先他们会点击一些板块，比如“体育板块”和“娱乐板块”。然后，点击一些新闻标题，比如“20年来最刺激的一场比赛即将拉开帷幕”，接着还可能会发

表一些评论，或者点击对某个好的新闻进行收藏。也就是说，在网站或者App上，用户一定会进行各种操作，这些操作行为统称为“**用户行为**”。

现在，该新闻门户网站的boss想要增加一个功能，就是在网站里每天做一个排行榜，统计出每天每个板块被点击的次数，并在网站系统的后台里产生一些报表来汇总不同编辑撰写的文章的点击量，做一个编辑的绩效排名。

这些工作就是基于用户行为数据来进行分析和统计，从而产出各种各样的数据统计分析报表和结果，供网站的用户、管理人员查看和使用，这就叫“**用户行为分析**”。

要分析用户行为，需要收集这些用户行为的数据。比如说有个用户点了一下“体育”板块，这时，在网页前端或者是App上立马发送一条日志到后台，清楚记录“id为117的用户点击了一下id为003的板块”，这些记录称为“**用户行为日志**”。

我们来计算一下，这些用户行为如果采用日志的方式收集，每天大概会产生多少条数据？

假设每天1 000万人访问这个新闻网站，平均每人做出30个点击、评论以及收藏等行为，那么就是3亿条用户行为日志。

假设每条用户行为日志的大小是100个字节，因为可能包含了很多的字段，比如他是在网页上点击的，还是在手机App上点击的，手机App用的是什么操作系统，Android还是iOS。类似的字段有很多，每天大概就会产生28 GB的数据，一共包含约3亿条。

对这3亿条数据，假设我们编写一个Java程序，从一个超大的28 GB的大日志文件里一条一条读取日志来统计分析和计算，一直到把这3亿条数据都计算完，你觉得会花费多少时间？也许需要花费几十个小时。显然，这样长的计算分析时间用户是无法接受的。

一种有效解决方案就是：**分布式存储+分布式计算。**

首先，如图1-2所示，采用分布式存储的方式，把3亿条数据分散存放到比如30台机器上，每台机器大概就放1 000万条数据，大概就1 GB的数据量。

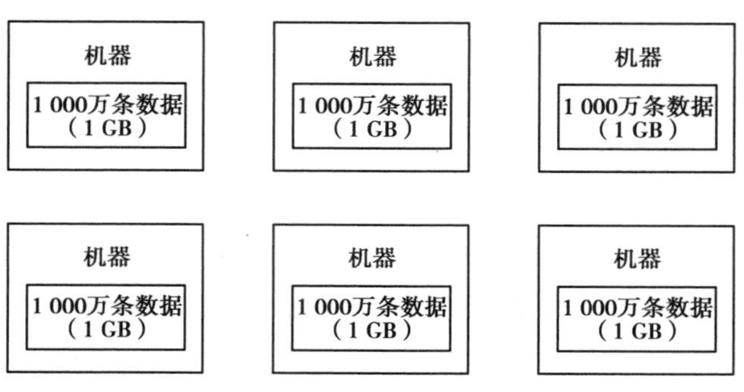

图1-2　数据分布式存储

接着，把统计分析数据的计算任务拆分成30个计算任务，每个计算任务都分发到一台机器上去运行，如图1-3所示。也就是说，每台机器就专门针对本地的1 GB数据(1 000万条数据)进行分析和计算。用户就可以依托30台机器的资源，并行地进行数据统计和分析，这也就是所谓的分布式计算了。

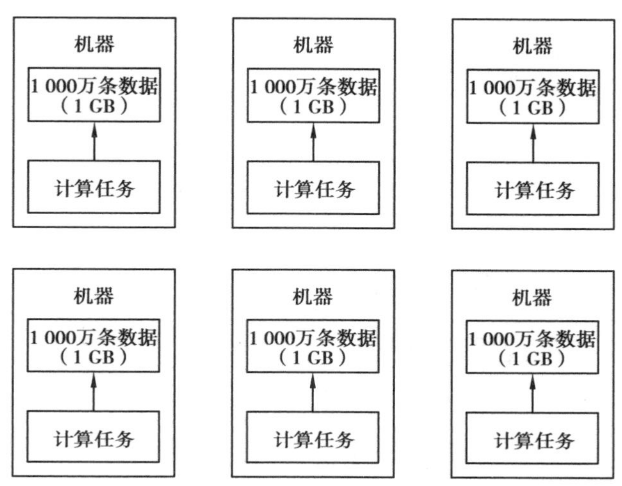

图1-3 数据分布式计算

分布式计算一般是针对大数据集的计算分析，首先需要将超大数据集拆分成很多数据块，分散在多台机器上进行分布式存储，然后把计算任务分发到各个机器上去，利用多台机器的CPU、内存等计算资源进行计算。

正是基于超大数据集分布式计算可以提升几十倍甚至几百倍的效率，分布式计算技术也成为大数据技术的一项核心技术。

1.2 大数据技术生态圈

图1-4是一个大数据项目设计的完整技术架构图。可见，要完成一个大数据项目开发，就需要大数据领域中各种技术的支撑。人们把这些为大数据项目开发提供稳定、安全、可靠的完整解决方案的技术统称为大数据技术生态圈。

如图1-4所示，由下而上可以将大数据技术分为大数据采集技术(“采”)、大数据存储技术(“存”)、大数据计算分析技术(“析”)、大数据可视化技术(“视”)四大技术板块。

1)数据采集

数据采集，又称数据获取，是利用一种装置，从系统外部采集数据并将其输入系统内

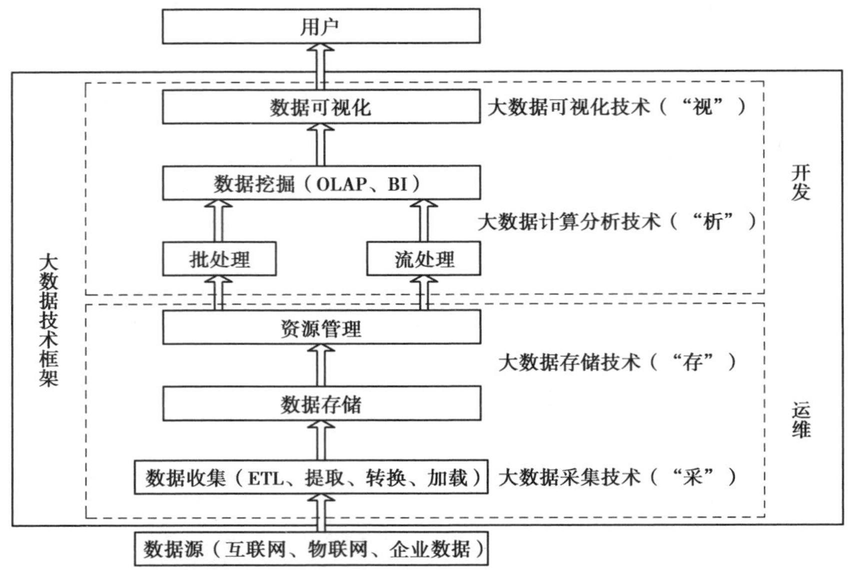

图1-4　大数据技术框架

部的一个接口。在互联网行业快速发展的今天,数据采集被广泛应用于互联网及分布式领域,比如摄像头、麦克风,都是数据采集工具。

大数据时代,数据的类型是复杂多样的,包括结构化数据、半结构化数据、非结构化数据。结构化数据最常见,是具有模型的数据。非结构化数据是数据结构不规则或不完整,没有预定义的数据模型,包括所有格式的办公文档、文本、图片、XML、HTML、各类报表、图像和音频/视频信息等。大数据采集,是大数据分析的入口,是大数据应用基础且重要的一个环节。

常用的数据采集方法归结为三类:传感器、日志文件和网络爬虫。

(1)传感器

传感器通常用于测量物理变量,一般包括声音、温湿度、距离、电流等,将测量值转化为数字信号,传送到数据采集点,让物体有了触觉、味觉和嗅觉等感官,让物体慢慢活了起来。

(2)日志文件

日志文件数据一般由数据源系统产生,用于记录数据源执行的各种操作活动,比如网络监控的流量管理、金融应用的股票记账和Web服务器记录的用户访问行为。

很多互联网企业都有自己的海量数据采集工具,多用于系统日志采集,如Hadoop的Chukwa、Cloudera的Flume、Facebook的Scribe等,这些工具均采用分布式架构,能满足每秒数百兆字节的日志、文件数据采集和传输需求。

(3)网络爬虫

网络爬虫是指为搜索引擎下载并存储网页的程序,它是搜索引擎和Web缓存的主要的数据采集方式。通过网络爬虫或网站公开API等方式从网站上获取数据信息。该方法可以将非结构化数据从网页中抽取出来,将其存储为统一的本地数据文件,并以结构化的方式存储。它支持图片、音频、视频等文件或附件的采集,附件与正文可以自动关联。

此外,对于企业生产经营上的客户数据、财务数据等保密性要求较高的数据,可以通过与数据技术服务商合作,使用特定系统接口等相关方式采集数据。比如八度云计算的数企BDSaaS,无论是数据采集技术、BI数据分析,还是数据的安全性和保密性,都做得很好。

数据的采集是挖掘数据价值的第一步,当数据量越来越大时,可提取出来的有用数据必然也就更多。只要善用数据化处理平台,便能够保证数据分析结果的有效性,助力企业实现数据驱动。

2)数据存储

数据存储,就是存储数据采集阶段所获得的各种类型的数据。大数据的存储方式主要有分布式系统、NoSQL数据库、云数据库。

(1)分布式系统

分布式系统包含多个自主的数据存储单元,通过计算机网络互联协作完成分配的存储任务,主要包含分布式文件系统和分布式键值系统两类。

分布式文件系统是一个高度容错性系统,被设计成适用于批量处理、能够提供高吞吐量的数据访问。

分布式键值系统,用于存储关系简单的半结构化数据。Amazon Dynamo是典型的分布式键值系统,获得广泛应用和关注的对象存储技术(Object Storage)也可以视为键值系统,其存储和管理的是对象而不是数据块。

(2)NoSQL数据库

NoSQL(Not Only SQL),意即“不仅仅是SQL”,泛指非关系型的数据库。随着互联网Web 2.0网站的兴起,传统的关系数据库在应对Web 2.0网站,特别是超大规模和高并发的SNS(Social Networking Services,社交网络服务)类型的Web 2.0纯动态网站时已显得力不从心,暴露出很多难以克服的问题,而非关系型的数据库则由于其本身的特点得到了非常迅速的发展。NoSQL数据库的产生就是为了应对大规模数据集合、多重数据种类带来的挑战,尤其是大数据应用难题,如超大规模数据的存储。

NoSQL数据库的优势:可以支持超大规模数据存储,灵活的数据模型可以很好地支持Web 2.0应用,具有强大的横向扩展能力等。典型的NoSQL数据库包含以下几种:键值数据库、列族数据库、文档数据库和图形数据库。

(3)云数据库

云数据库是基于云计算技术发展的一种共享基础架构的方法,是部署和虚拟化在云计算环境中的数据库。云数据库并非一种全新的数据库技术,而只是以服务的方式提供数据库功能。云数据库所采用的数据模型可以是关系数据库所使用的关系模型(微软的SQLAzure云数据库就采用了关系模型)。同一个公司也可能采用不同数据模型的多种云数据库服务。

3)数据计算分析

传统的并行计算方法,主要从体系结构和编程语言的层面定义了一些较为底层的并行计算抽象和模型,但由于大数据处理问题具有很多高层的数据特征和计算特征,因此大数据计算分析需要更多地结合这些高层特征,考虑更为高层的计算模式。

所谓大数据计算模式,即根据大数据的不同数据特征和计算特征,从多样性的大数据计算问题和需求中提炼并建立的各种高层抽象(Abstraction)或模型(Model)。例如,MapReduce是一个并行计算抽象、加利福尼亚大学伯克利分校著名的Spark系统中的"分布内存抽象RDD(Ressillient Distributed Datasets,弹性分布式数据集)"、CMU著名的图计算系统GraphLab中的"图并行抽象"(Graph Parallel Abstraction)等。

根据大数据处理多样性的需求和以上不同的特征维度,出现了多种典型和重要的大数据计算模式。与这些计算模式相适应,出现了很多对应的大数据计算系统和工具。由于单纯描述计算模式比较抽象和空洞,因此在描述不同计算模式时,将同时给出相应的典型计算系统和工具(表1-1),这将有助于对计算模式的理解以及对技术发展现状的把握,并进一步有利于在实际大数据处理应用中对合适的计算技术和系统工具进行选择使用。

表1-1　大数据计算模式及其对应的典型系统和工具

大数据计算模式	典型系统和工具
大数据查询分析计算	HBase,Hive,Cassandra,Premel,Impala,Shark,Hana,Redis等
批处理计算	Hadoop MapReduce,Spark等
流式计算	Scribe,Flume,Storm,S4,Spark Steaming等
迭代计算	HaLoop,iMapReduce,Twister,Spark等
图计算	Pregel,Giraph,Trinity,PowerGraph,GraphX等
内存计算	Dremel,Hana,Redis等

4)数据可视化

在大数据分析的应用过程中,可视化通过交互式视觉表现的方式来帮助人们探索和理解复杂的数据。可视化与可视分析能够迅速和有效地简化与提炼数据流,帮助用户交互筛选大量的数据,有助于使用者更快更好地从复杂数据中得到新的发现,成为用户了解复杂数据、开展深入分析不可或缺的手段。

1.3　数据分析与大数据分析

数据分析与大数据分析这几年一直都是高频词,很多人开始转行到这个领域,也有不少人跃跃欲试,想找准时机进入数据分析或大数据分析领域。如今数据分析和大数据分析火爆,要说时机,可谓处处都是时机,关键要明确一点,数据分析和大数据分析的根本区别在哪里,只有真正了解了,才会知晓更加适合自己的领域是大数据分析还是数据分析。数据分析与大数据分析最核心的区别是处理的数据规模不同,由此导致两个方向从业者的技能要求也是不同的。

1.3.1　数据分析

数据分析是指基于某种行业目标,用适当的统计分析方法对收集到的大量数据进行分析,提取有用信息并形成结论,是对数据加以详细研究和概括总结的过程。

数据分析的理论基础主要是概率论、数理统计及数据挖掘,常用的数据分析工具有:SQL语言、SQL+Excel、SPSS、SSAS、R语言等。一次完整的数据分析过程包括六个步骤:明确目标、数据收集、数据处理、数据分析、数据展示及报告撰写,如图1-5所示。

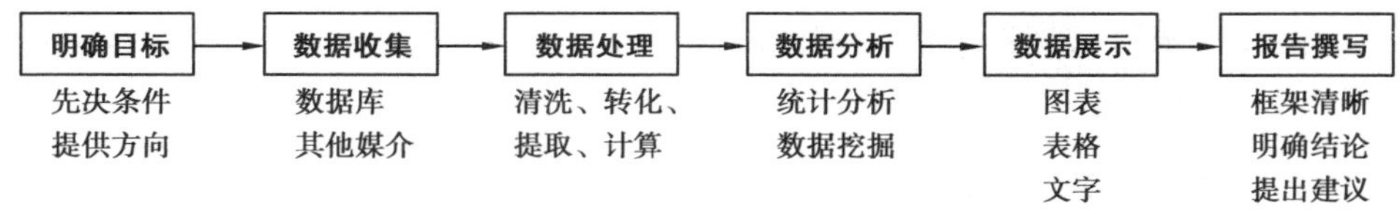

图1-5　数据分析六部曲

①明确目标就是明确希望通过数据分析来做什么,为什么要做。

②数据收集就是根据分析目标,使用爬虫、数据库等手段获取相关数据。

③数据处理就是对收集到的数据进行清洗、转化、提取及计算等操作加工的过程,这个过程需要根据业务数据,选择相应的工具及技术来完成。

④数据分析就是根据项目任务需求对前期处理后的数据利用统计分析、数据挖掘、各种各样的建模处理等技术方法获取符合目的要求的结果。

⑤数据展示就是利用图表、表格、文字、曲线等形式把分析结果形象直观地展示出来的过程。

⑥报告撰写就是对整个数据分析过程形成项目报告文档，报告文档切忌记流水账，务必目标明确、框架清晰，有明确的报告结论，同时，提出后期建议。

数据分析是一项环环紧扣的任务，六个阶段任务目标不同，所需要的工作量也不同。一般来说，70%的工作量分配给前面三个阶段，20%的工作量分配给数据分析，10%的工作量分配给数据展示和报告撰写。一个项目的数据分析往往不是简单地经历这六个步骤就可以得到用户有价值的分析结果，往往需要经历多次反复的过程，甚至某些环节还会出现胶着现象，所以不同项目的数据分析工作量会因项目本身有异。

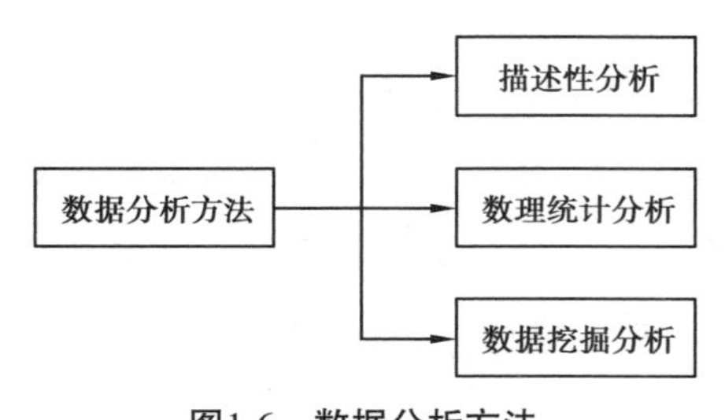

图1-6 数据分析方法

数据分析方法主要有描述性分析、数理统计分析和数据挖掘分析，如图1-6所示。描述性分析就是用少量关键性的数据描述众多数据支撑的分析结果，Excel是这类分析的常用工具；数理统计分析一般基于概率论和微积分，用曲线做估计，SPSS是这类分析的常用分析工具；数据挖掘分析主要有决策树、神经网络、支持向量机、随机森林等分析方法，这些方法可以通过历史数据得到一个规则。

1.3.2 大数据分析

大数据指无法在可承受的时间范围内用常规软件工具进行捕捉、管理和处理的数据集合，是需要新处理模式才能具有更强的决策力、洞察发现力和流程优化能力的海量、高增长率和多样化的信息资产。

大数据分析是指对规模巨大的数据进行分析，是大数据产生价值的关键，也是由大数据到智能的核心步骤。

在维克托·迈尔-舍恩伯格及肯尼斯·库克耶编写的《大数据时代》中，大数据分析指不用随机分析法（抽样调查）这样的捷径，而采用所有数据进行分析处理，因此不用考虑数据的分布状态（抽样数据需要考虑样本分布是否有偏，是否与总体一致），也不用考虑假设检验，这点是大数据分析与一般数据分析的一个区别。

大数据分析可以分为大数据和数据分析两个方面，假如没有数据分析，再多的数据都只能是一堆储存维护成本高但毫无用处的IT库存。大数据分析更注重数据分析这个方面，首先，从分析出发去找有价值的数据，然后再有效地将从数据中得到的信息有效利用。一句话，大数据分析还是数据分析，但面对的数据具有5V特性，即数据量大

(Volume)、速度快(Velocity)、类型多(Variety)、低价值密度(Value)、准确性(Veracity),所以必须使用新的数据分析工具、手段及新技术才能实现。

图1-7是大数据分析方法结构图,在传统数据分析方法上增加了Hadoop、Spark、Storm等技术和方法。

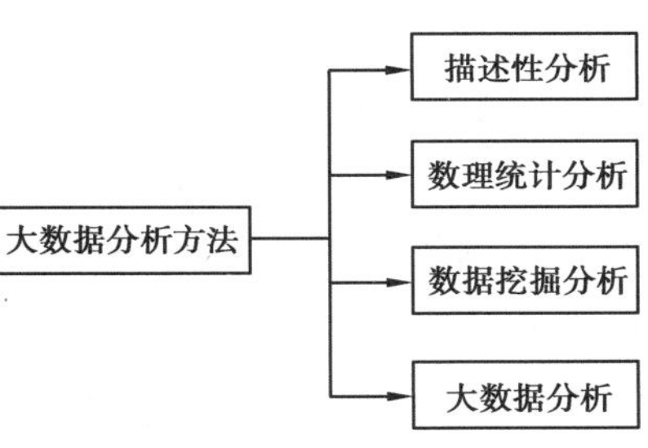

图1-7　大数据分析方法

在实际应用中,人们更多地把"大数据"理解为用来表示大量没有按照传统的相关格式存储在企业数据库中的非结构化数据的总术语。这些数据并不适合传统关系型数据库存储,其数据采集技术手段往往需要无线射频识别(RFID)、传感器网络等新技术支撑,很多情况下数据具有时间敏感性,需要实时处理,表1-2列举了传统数据分析和大数据分析的主要区别。

表1-2　传统数据分析与大数据分析对比

传统数据分析	大数据分析
传统数据分析的数据对象往往是被清洗处理过的符合业务需求的结构化数据	大数据分析的数据对象往往是没有清洗处理的、杂乱的非结构化数据
传统数据分析一般建立在关系数据模型之上,数据之间的关系在系统内已经被建立,数据分析往往局限于数据模型内部关系间的计算处理	大数据分析的信息很难以一种规范的方式建立数据关系,数据关系往往需要通过复杂分析才能建立
传统数据分析可以采用定向批处理方式进行	大数据分析往往需要采用实时分析方式进行
面对并行计算分析业务,传统数据分析是通过昂贵的硬件来实现的	面对并行计算分析业务,大数据分析可以通过通用硬件和新一代分析软件来实现

1.3.3　大数据计算分析的价值

从某种意义上说,数据分析的过程,就是寻找强的相关关系(必然性、因果性),或对弱的相关关系进行综合处理,得到强的相关关系,也就是用数据发现信息。

一般来说,人们在做数据分析之前,会有一定的知识积淀,但认识不清却是一种常态,人们希望通过对数据的分析来改变这种常态。而改变认识的过程依赖于数据的质量和分析数据的方法。除分析方法外,分析过程依赖数据质量(包含多方面的含义)和人们已有的知识积淀,在很多情况下,猜出一个结论并不难,难的是论证一个结论。一般来说,凡是可靠的知识,都应该能够被机理和数据双重认证。

大数据分析的一个重要特征是:传统概率理论的假设往往不成立。例如:大数定理的条件往往不成立、模型的结构往往未知、因果关系不是天然清晰、自变量的误差往往不能忽略、数据分布往往没有规律。所以,为了得到可靠的结果,人们工作的重点很可能是验证这些条件、构造这些条件。从某种意义上说,数据分析的过程,主要是排除干扰的过程,特别是排除系统干扰的过程。而且,如果完全依照逻辑、用纯粹数学的办法加以论证,则数据需求量会遭遇“组合爆炸”,数据永远是不够的。这时,已有的领域知识就是降低数据需求量的一种手段。要记住:求得可靠性是一个过程而不是结果,可能永远没有终点,分析的过程只是不断增加证据而已。这个过程,因为是修正人的认识过程,所以错误或不恰当的认识,常常是分析过程中最大的干扰——这个干扰一旦去除,人们可能就发现了真正的知识。

数据量大的直接好处,是排除随机性干扰。但排除系统性干扰却不那么容易,数据量大是必要条件但不充分,需要深入的方法研究才能解决问题。系统性的干扰往往体现在对主体进行分组,所体现的规律是不同的。比如,身高和体重的统计关系,男女是不同的、不同民族是有差异的、可能与年龄有关。如果不进行分类研究,统计的结果就会与样本的选取有很大关系。但分类研究也会遇到一个困难:遇到组合数量巨大,数据再多都不够用时,“领域知识”就会发生作用。

大数据分析就是利用大数据分析工具及技术对足够多的数据进行清洗、过滤,尽可能排除干扰数据,提高数据质量,将大规模数据中隐藏的信息和知识挖掘出来,为人类社会经济活动提供依据,提高各个领域的运行效率,甚至整个社会经济的集约化程度。企业可以理解大数据分析的价值和在大数据分析的帮助下解决传统的问题,例如下面的情况。

1)客户满意度和保证分析

也许这是基于产品的企业所担心的最大的一个领域。

在当今时代,没有一个清晰的方式来衡量产品的问题和与客户满意度相关的问题,除非它们以一个正式的方式出现在一个电子表格中。信息质量方面,数据是通过各种外部渠道收集的,而且大多数时候的数据没有清洗,因为数据是非结构化数据,无法关联相关的问题,所以在为客户提供的长期解决方案中,分类和分组的问题陈述都缺失了,导致企业不能对问题进行分组。从上面的讨论可以得出,对客户满意度进行大数据分析,将帮助企业在急需的客户注意力设置中获得洞察力,并有效地解决他们的问题,帮助他们的新产品线上避免这些问题。

2)竞争对手的市场渗透率分析

在今天高度竞争的经济环境下,人们需要通过一种实时分析对竞争者强大的区域和他们的痛点进行衡量。这种信息可适用于各种各样的网站和其他公共领域。类似的大数据分析可以为企业提供其产品线的优势、劣势、面临的机遇、威胁等重要的信息。

3)产品功能和用法分析

大多数基于产品(尤其是消费品)的企业,不断在他们的产品线上增加许多其他功能，但有些功能可能不会真正地被顾客所使用，而有些功能则可能被更多地使用，这种对通过各种移动设备和其他基于无线射频识别输入捕捉到的数据的有效分析，可以为产品企业提供有价值的洞察力。

1.4 大数据计算框架

大数据计算框架，起源于Google公司的经典论文。由于当时网页数量急剧增加，Google公司内部要编写很多的程序来处理大量的原始数据：爬虫爬到的网页、网页请求日志等；计算各种类型的派生数据：倒排索引、网页的各种图结构等。这些计算在概念上很容易理解，但由于输入数据量很大，单机难以处理。需要利用分布式方式完成计算，并且需要考虑如何进行并行计算、分配数据和处理失败等问题。

针对这些复杂的问题，Google决定设计一套抽象模型来执行这些简单计算，并隐藏并发、容错、数据分布和均衡负载等方面的细节。受到Lisp和其他函数式编程语言Map、Reduce思想的启发，论文的作者意识到许多计算都涉及对每条数据执行Map操作，得到一批中间key/value对，然后利用Reduce操作合并那些key值相同的键值对。这种模型能很容易实现大规模并行计算。MapReduce对大数据计算的最大贡献，其实并不是它名字直观显示的Map和Reduce思想（正如上文提到的，Map和Reduce思想在Lisp等函数式编程语言中很早就存在了），而是这个计算框架可以在一群廉价的PC机上运行。MapReduce的最大贡献在于给人们普及了工业界对大数据计算的理解，它提供了良好的横向扩展性和容错处理机制，至此大数据计算由集中式过渡至分布式。以前，想对更多的数据进行计算就要制造更快的计算机，而现在只需要添加计算节点。

当年的Google有三宝：MapReduce、GFS和BigTable。但Google三宝虽好，普通人想用却用不上，原因很简单：它们都不开源。于是Hadoop应运而生，初代Hadoop的MapReduce和HDFS，正是Google的MapReduce和GFS的开源实现（另一宝BigTable的开源实现则是大名鼎鼎的HBase）。自此，大数据计算处理框架的历史大幕才正式缓缓拉开。

1.4.1 大数据计算框架分类

计算机的基本工作就是处理数据，包括磁盘文件中的数据、通过网络传输的数据流或数据包、数据库中的结构化数据等。随着互联网、物联网等技术得到越来越广泛的应用，数据规模不断增加，TB、PB量级成为常态，对数据的处理已无法由单台计算机完成，而只能由多台计算机共同承担计算任务。而在分布式环境中进行大数据处理，除了与存储系统打交道，还涉及计算任务的分工、计算负荷的分配、计算机之间的数据迁移等工作,并且要考虑计算机或网络发生故障时的数据安全,情况要复杂得多。

举一个简单的例子,假设人们要从销售记录中统计各种商品的销售额。在单机环境中,人们只需把销售记录扫描一遍,对各商品的销售额进行累加即可。如果销售记录存放在关系数据库中,则更省事,执行一个SQL语句就可以了。现在假定销售记录实在太多,需要设计出由多台计算机来统计销售额的方案。为了保证计算的正确、可靠、高效及方便,这个方案需要考虑下列问题:

①如何为每台机器分配任务,是先按商品种类对销售记录分组,不同机器处理不同商品种类的销售记录,还是随机向各台机器分发一部分销售记录进行统计,最后把各台机器的统计结果按商品种类合并?

②上述两种方式都涉及数据的排序问题,应选择哪种排序算法?应该在哪台机器上执行排序过程?

③每台机器处理的数据从哪里来,处理结果到哪里去?数据是主动发送,还是接收方申请时才发送?如果是主动发送,接收方处理不过来怎么办?如果是申请时才发送,那发送方应该保存数据多久?

④会不会任务分配不均,有的机器很快就处理完了,有的机器一直忙着?甚至,闲着的机器需要等忙着的机器处理完后才能开始执行?

⑤如果增加一台机器,能不能减轻其他机器的负荷,从而缩短任务执行时间?

⑥如果一台机器挂了,它没有完成的任务该交给谁?会不会存在遗漏统计或重复统计?

⑦统计过程中,机器之间如何协调,是否需要一台专门的机器指挥调度其他机器?如果这台机器挂机了呢?

⑧如果销售记录在源源不断地增加,统计还没执行完,新记录又来了,如何保证统计结果的准确性?能不能保证结果是实时更新的?再次统计时能不能避免大量重复计算?

⑨能不能让用户执行一句SQL就可以得到结果?

上述问题中,除了第一个外,其余的都与具体任务无关,在其他分布式计算的场合也会遇到,而且解决起来都相当棘手。即使第一个问题中的分组、统计,在很多数据处理场合也会涉及,只是具体方式不同。如果能把这些问题的解决方案封装到一个计算框架中,则可大大简化这类应用程序的开发。

2004年前后,Google先后发表三篇论文分别介绍分布式文件系统GFS、大数据分布式计算框架MapReduce、非关系数据存储系统BigTable,第一次提出了针对大数据分布式处理的可重用方案。在Google论文的启发下,Yahoo的工程师Doug Cutting和Mike

Cafarella开发了Hadoop。在借鉴和改进Hadoop的基础上，先后诞生了数十种应用于分布式环境的大数据计算框架。后来人们对这些框架按下列标准进行了分类：

①如果不涉及上面提出的第八和第九两个问题，则属于批处理框架。批处理框架重点关注数据处理的吞吐量，又可分为非迭代式和迭代式两类，迭代式包括DAG(有向无环图)、图计算等模型。

②若针对第八个问题提出应对方案，则分两种情况。如果重点关心处理的实时性，则属于流计算框架；如果侧重于避免重复计算，则属于增量计算框架。

③如果重点关注的是第九个问题，则属于交互式分析框架。

在众多的计算框架中，每种框架都有自己的特色和优势应用场景，典型计算框架包括批处理、流式计算、内存计算、图计算等框架。

1.4.2 批处理框架

批处理在大数据世界有着悠久的历史。批处理计算主要操作大容量静态数据集，并在计算过程完成后返回结果。

批处理计算模式中使用的数据集通常符合下列三大特征。

①有界：批处理数据集代表数据的有限集合。

②持久：数据通常存储在某种类型的持久存储位置中。

③大量：批处理操作通常是处理极为海量数据集的典型方法。

下列几种情况特别适合批处理计算模式。

(1)需要访问全套记录才能完成的计算工作

例如在计算总数和平均数时，必须将数据集作为一个整体加以处理，而不能将其视作多条记录的集合。这些操作要求在计算过程中数据维持自己的状态。

(2)需要处理大量数据的任务

无论是直接从持久存储设备处理数据集，还是首先将数据集载入内存，批处理系统在设计过程中就充分考虑了数据的量，可提供充足的处理资源。由于批处理在应对大量持久数据方面的表现极为出色，因此经常用于对历史数据进行计算分析。

大量数据的处理需要付出大量时间，因此批处理不适合对处理时间要求较高的场合。

Apache Hadoop是一种专用于批处理的大数据计算框架，MapReduce是Hadoop的原生批处理引擎。

1.4.3 流式计算框架

流式计算是针对连续不断,且无法控制数据流速的计算场景设计的计算模型,常见的场景有搜索引擎、在线广告等。

批处理的操作对象是静态数据集,而流式计算却是对动态数据集进行处理。流式计算是一种实时计算,是利用分布式思想和方法,对海量动态“流”式数据进行实时处理,具有很强的实时性。

流式计算是一种高实时性的计算模式,需要对一定时间窗口内应用系统产生的新数据完成实时的计算处理,从而保证数据不积压、不丢失。流式计算很适合用来处理必须对变动或峰值作出响应,并且关注一段时间内变化趋势的数据。很多行业的大数据应用,如电信、电力、道路监控等行业应用以及互联网行业的访问日志处理,都具有高流量的流式数据和大量积累的历史数据,因此在提供批处理计算的同时,系统还需要具备高实时性的流式计算能力,以便帮助业务方在很短的时间内挖掘业务数据中的价值,并将这种低延迟转化为竞争优势。例如,在使用流式计算的推荐引擎中,用户的行为偏好可以在很短的时间内反映到推荐模型中,推荐模型能够以非常低的延迟捕捉用户的行为偏好以提供更精准、及时的推荐。

相比于批处理模式,流式计算具有以下特点:

①数据运动、计算不动,不同的运算节点常常绑定在不同的服务器上。

②数据不止,计算不停,除非明确停止,否则没有“尽头”。处理结果立刻可用,并会随着新数据的抵达继续更新。

③无稳态数据,计算随数据变化,计算速度也取决于数据流的速度。

由于流式计算中的数据集是动态、无边界的,理论上流式处理系统可以处理几乎无限量的数据,但实际计算过程中,流式计算同一时间只能处理一条(真正的流处理)或很少量(微批处理,Micro-batch Processing)数据,不同记录间只维持最少量的状态。

主流的流式计算框架有Storm、Spark Streaming、Flink等。

1.4.4 内存计算框架

受数据挖掘工具性能方面的限制,一般的数据挖掘是先对数据做预处理,之后才能做数据展示。如果预处理的数据是按照销售的产品种类去汇总,未来显示的信息也就只能按照这种方式展示。如要选择按照其他汇总,则要重新花时间做预处理。换言之,传统的数据挖掘先期准备时间过长,无法迅速处理当下瞬息万变的数据,难以满足决策者对信息进行“实时”分析的强需求。这就需要一种新的方法和工具,从“实时”的数据中提取有用的信息。

内存计算相比传统的计算模式的优势是：充分发挥多核的能力，对数据进行并行处理，并且内存读取的速度成倍数增加，数据按优化的列存储方式存放在内存里面。也就是说，内存计算可对大规模海量数据做实时分析和运算，不需要数据预处理和数据建模。例如，从任何维度去分析数据，实时建立模型，实时完成分析处理，上亿条数据处理完所需要的时间可能从几天缩短为几秒钟。

"如何在既有数据的基础上做未来分析预测"，这才是内存计算更大的价值体现。例如，根据现在社交网络上的数据，再加上一些假设条件，去做一个预测。内存计算能根据社交网络提供的海量数据，即时看到当前的客户行为模式，进而作出模拟预测。再比如在市场活动中，用户人群的特点，消费倾向等数据一定，如何增加满意度？满意度的增加会带来多少收益？这样的预测性问题，都是内存计算分析擅长的内容。可以说，内存计算是决策者的一个有力工具。

与Hadoop的MapReduce引擎相比，基于各种相同原则开发而来的Spark的侧重点是通过完善的内存计算和处理优化机制加快批处理工作负载的运行速度。

Spark可作为独立集群部署（需要相应存储层的配合），或可与Hadoop集成并取代MapReduce引擎。

与MapReduce不同，Spark的数据处理工作全部在内存中进行，只在一开始将数据读入内存，以及在将最终结果持久存储时需要与存储层交互。所有中间态的处理结果均存储在内存中。

Spark是一个具有快速和灵活的迭代计算能力的典型系统，其采用了基于内存的RDD数据集模型实现快速的迭代计算，而且在内存满负载的时候，硬盘也能运算。运算结果表明，Spark的速度大约为Hadoop的一百倍，并且其成本可能比Hadoop更低。

1.4.5　图计算框架

社交网络、Web链接关系图等都包含大量具有复杂关系的**图数据**，这些图数据规模很大，常常达到数十亿的顶点和上万亿的边数。这样大的数据规模和非常复杂的数据关系，给图数据的存储管理和计算分析带来了很大的技术难题。用MapReduce计算模式处理这种具有复杂数据关系的图数据通常不能适应，为此，需要引入图计算框架。

大规模图数据处理首先要解决数据的存储管理问题，通常大规模图数据也需要使用分布式存储方式。但是，由于图数据具有很强的数据关系，分布式存储就带来了一个重要的图划分问题（GraphPartitioning）。根据图数据问题本身的特点，图划分可以使用"边切分"和"顶点切分"两种方式。在有效的图划分策略下，大规模图数据得以分布存储在不同节点上，并在每个节点上对本地子图进行并行化处理。与任务并行和数据并行的概念类似，由于图数据并行处理的特殊性，人们提出了一个新的“**图并行**”的概念。事实上，图并行是数据并行的一个特殊形式，需要针对图数据处理的特征考虑一些特殊的数据组织模型和计算方法。

目前已经出现了很多分布式图计算系统，其中较为典型的系统包括Google公司的Pregel、Facebook对Pregel的开源实现Giraph、微软公司的Trinity、Spark下的GraphX、CMU的GraphLab以及由其衍生出来的高速图数据处理系统PowerGraph等。

除了上面介绍的几种大数据计算框架，还有一些还不太热门但具有重要潜力的计算框架，如交互式分析框架和增量计算框架。其中，交互式分析框架中的交互式查询为数据分析人员提供更便利的计算分析模式，这几年交互式分析技术发展迅速，目前这一领域知名的平台有十余个，包括Google开发的Dremel和PowerDrill，Facebook开发的Presto，Hadoop服务商Cloudera和HortonWorks分别开发的Impala和Stinger，以及Apache项目Hive、Drill、Tajo、Kylin、MRQL等。

此外，增量计算框架只对部分新增数据进行计算，从而极大地提升计算过程的效率，可应用到数据增量或周期性更新的场合。其典型支撑平台包括Google Percolator、Microsoft Kineograph、阿里Galaxy等。图1-8为典型大数据计算框架全景图。

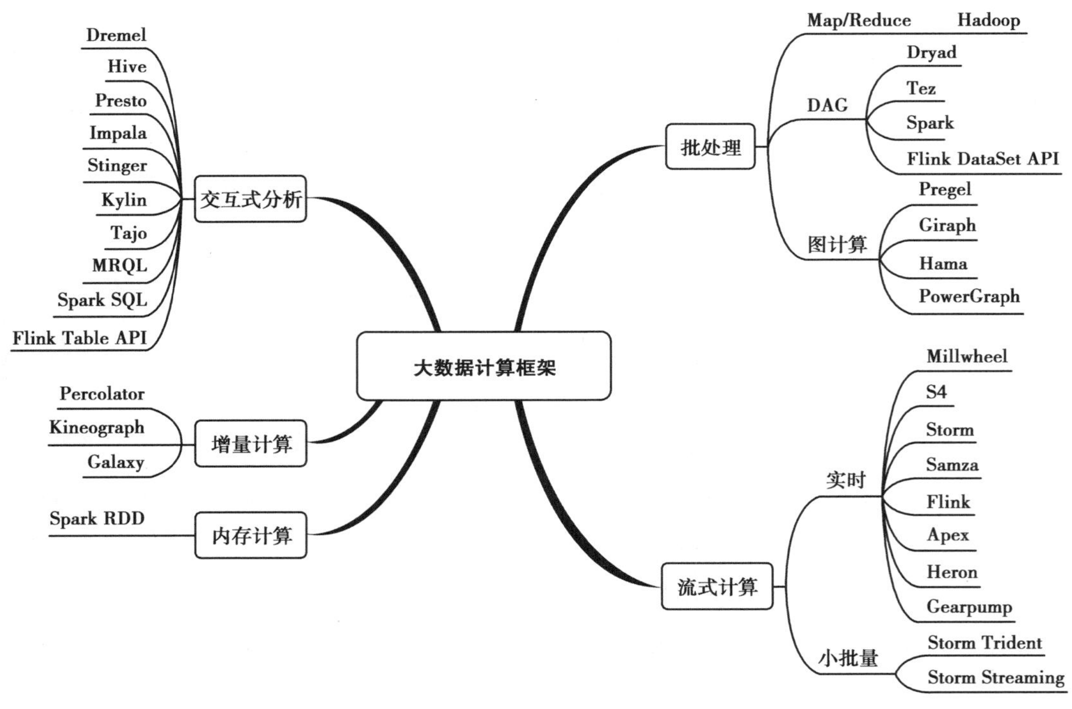

图1-8　大数据计算框架全景图

1.5 大数据计算分析平台

大数据计算分析的重要性已经得到各类企业的广泛认可与重视。各企业都希望依托一款操作简单、功能强大的大数据计算分析平台,快速高效地从海量数据中获取有价值信息,帮助企业决策。目前,市面上大数据平台众多,各有特色,下面介绍几款业界反响较好的大数据计算分析平台,供读者选用参考。

1.5.1 DANA Studio

DANA Studio是上海德拓信息技术股份有限公司在其原先的DANA大数据基础平台上研发的面向开发者、数据管理者、数据应用者提供的一站式大数据协作开发、管理平台,致力于解决结构化、半结构化和非结构化数据的采集融合、数据治理、计算分析、数据挖掘等问题。其中多样化的开发组件适应不同场景,搭配高度自由的DAG工作流和强大的作业调度、运维面板,让DANA Studio成为助力大数据项目的快速实施、交付的利器。

DANA Studio基于B/S架构,底层是DANA大数据基础平台,如图1-9所示。DANA Studio包括了六大核心模块,分别是工作流、数据集成、数据开发、数据中心、数据探索、运维中心。

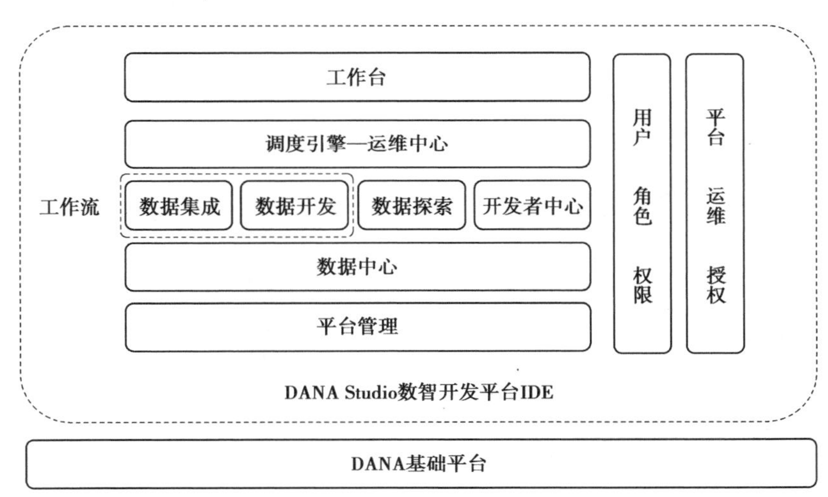

图1-9 DANA Studio核心模块

图1-10为DANA Studio的底层架构。该架构支持机器学习MLlib、流计算、SQL分析、图计算等大数据计算分析模式和Zeppelin数据探索技术。

DANA Studio数据探索模块主要负责对数据的挖掘功能,目前主要提供两大模块:交互式分析和模型构建。

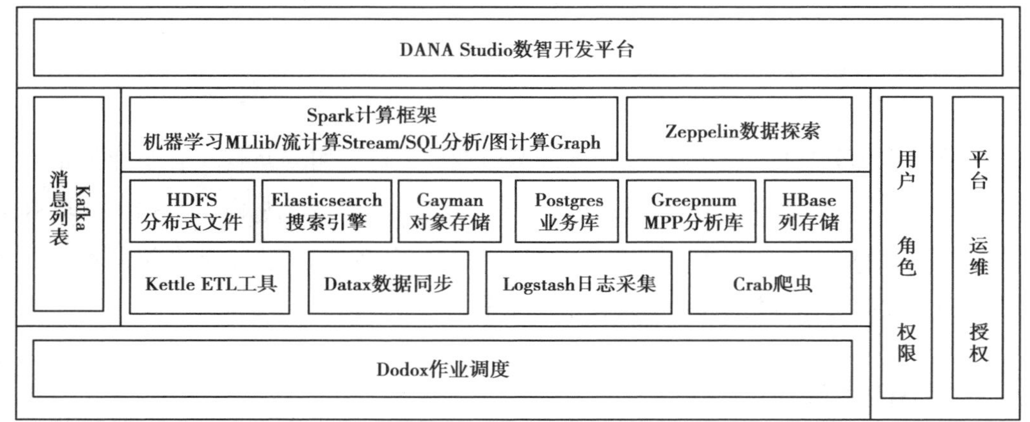

图1-10　DANA Studio底层架构图

交互式分析主要是在全局上对数据进行观察，得到数据的统计性指标，提供工具有Elasticsearch、Shell、JDBC、HBase、Hive、Spark、R、Python、Markdown，需要用户自行配置环境即可使用相应工具进行操作。

模型构建主要是在数据基础上结合相关算法构建模型，此模块提供两种实验类型：Example和Blankml。Example提供10个学习案例，用户可以选择从提供的案例中学习构建模型的一般流程，但不能直接在项目中使用，仅作学习用途；Blankml是新建一个空白实验，供用户自行构建模型，此操作需有PySpark的代码编写基础。

DANA Studio具有强大的底层技术栈。DANA Studio数据采集技术基于Datax、Kettle、Logstash构建，适应离线、实时等多种数据采集需要。DANA Studio数据存储技术基于海量数据持续增长下的大型数据仓库Hadoop构建，支持MPP分析型数据库，提供高性能SQL分析。支持NoSQL检索引擎，满足结构化、非结构化数据的毫秒级精确查询与分析，DANA Studio数据分析技术基于实时分布式计算引擎，可以实现面向流数据的分布式内存计算，为低延时和高吞吐场景而生，可以轻松解决传统Hadoop计算慢的问题。DANA Studio数据挖掘引擎基于SparkML构建，内置丰富的算法库与行业应用模块，可实现高效数据挖掘应用。DANA Studio通过集成强大的调度工具来配合各个模块，形成有向无环DAG工作流调度作业。

1.5.2　MaxCompute

MaxCompute是阿里云推出的承载EB级的数据存储能力，百PB级的单日计算能力，公共云覆盖国内外十几个国家和地区，专有云包含城市大脑在内部署超过100+套的阿里巴巴的统一计算平台。

MaxCompute是真正为大数据而生的企业级云计算产品，其核心是一项基础服务

(PaaS),用于对海量数据进行高性能的分析处理,数据规模越大,计算性能越卓越,在大规模批量计算下性能远超Hadoop Hive,甚至超越了Spark、Impala。单纯从技术上来看,MaxCompute提供了一个在云端的SQL、MapReduce、Graph服务,提供对海量数据的批量计算能力。此外,MaxCompute是基于Serverless架构实现的服务,从成本最优化、运维便利性、业务敏捷度三个方面,帮助企业升维核心竞争力。图1-11展示了MaxCompute的超大规模的大数据计算服务能力。

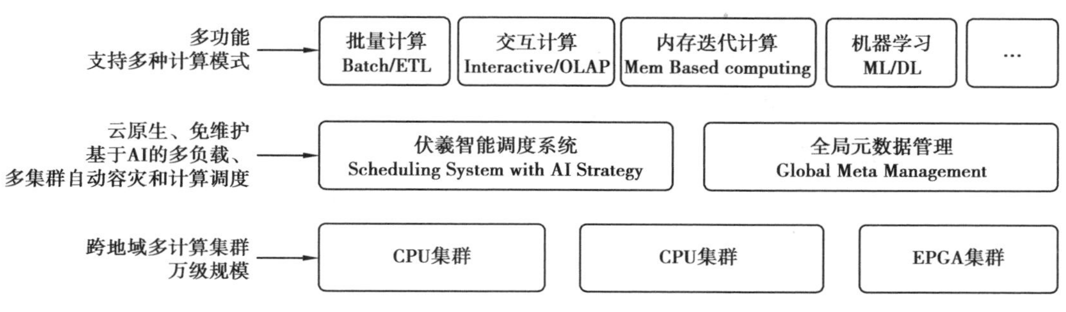

图1-11 MaxCompute计算服务能力

目前,阿里云MaxCompute大数据产品已经免费向用户开放了多种公用数据集。在此之前,获取、分析、下载自定义的大型分析数据集需要数小时乃至数天才能完成。而现在阿里云的任何用户都可以基于大数据计算服务的数据工厂快速、便捷地分析这些公用数据集。开放的数据类别包括:股票价格数据、房产信息、影视及其票房数据。所有的数据均被存储在MaxCompute产品中的public_data项目中。

1.5.3 LeapHD

LeapHD是联想推出的企业级大数据平台,LeapHD实现海量数据存储和高性能计算。它基于Hadoop/Spark生态系统,并对复杂开源技术进行高度集成和性能优化。它具有功能丰富、使用简便、运行高效、稳定可靠等特点。

图1-12为LeapHD产品架构,在大数据计算分析方面,LeapHD具有如下核心技术优势:拥有丰富的数据查询功能,全面支持Spark /Python功能,完整支持SQL标准、支持存储

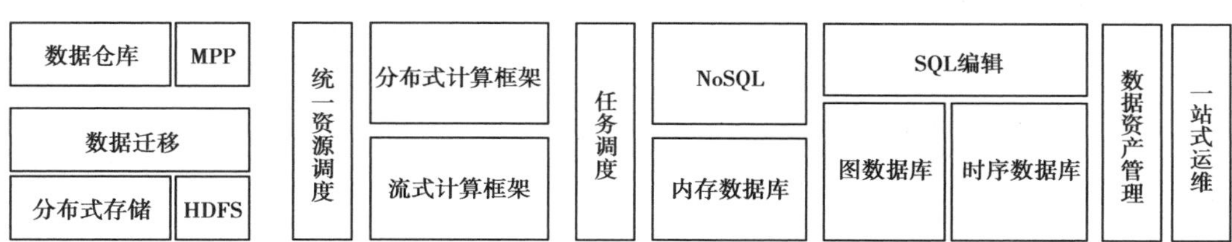

图1-12 LeapHD框架

过程;提供字段映射功能,可灵活配置迁移的源和目标之间的字段映射关系;数据血缘关系为挖掘数据潜在价值提供手段;扩展支持Spark HA,系统稳定性高。

1.6 本章小结

本章首先介绍了大数据的两大核心技术,阐述了大数据技术生态圈,对比了数据分析和大数据分析的异同,体现了大数据分析的特色和价值。然后,简单介绍了几种目前主流的大数据计算模式及其对应的典型系统和工具。最后,介绍了几款大数据计算分析平台的特性。通过本章的学习,读者对大数据计算分析技术有了初步认识,为后面具体的大数据计算分析处理奠定了基础。

1.7 课后作业

一、简答题

1.简述大数据两大核心技术。

2.什么是数据分析?什么是大数据分析?

3.试举例说明大数据计算分析的价值。

二、画图题

画图表述大数据技术生态圈。

Chapter 2

第2章　大数据计算分析常用算法及场景

- 了解大数据计算分析常用算法
- 了解聚类过程及常用的聚类算法
- 掌握决策树、K-means算法思想
- 掌握线性回归分析算法思想及应用
- 理解关联规则算法及其应用
- 掌握影响关联规则强度的关键指标
- 掌握常用Web数据挖掘流程

本章重点：

- 决策树分类算法
- K-means算法
- 线性回归算法
- Apriori算法思想

大数据计算分析过程就是利用各种计算分析软件或者算法对大数据进行挖掘分析的过程，也就是从海量的、不完全的、有噪声的、模糊的、随机的大规模数据中发现隐含在其中有价值的、潜在有用的信息和知识的过程，也是一种决策支持过程。其主要基于人工智能、机器学习、模式学习、统计学等，通过对大数据高度自动化的分析，作出归纳性的推理，从中挖掘出潜在的模式，从而帮助企业、商家、用户调整市场政策、减少风险、理性面对市场，作出正确的决策。目前，很多领域尤其是在商业领域如银行、电信、电商等，大数据挖掘可以解决很多问题，包括市场营销策略制定、背景分析、企业管理危机等。大数据挖掘常用的算法有分类、聚类、回归分析、关联规则、Web数据挖掘等，这些算法从不同的角度对大数据进行挖掘分析。

2.1 分类

对于分类，其实大家不会陌生，说每个人每天都在执行分类操作一点都不夸张，只是人们没有意识到罢了。例如，当你看到一个陌生人时，你的脑子会下意识判断此人是男是女；你可能会走在路上对身旁的朋友说“这个人一看就很有钱、那边有个非主流”之类的话，其实这就是一种分类操作。

2.1.1 什么是分类

分类就是找出数据库中的一组数据实例的共同特点，并按照分类模型将其划分为不同的类别，其目的是通过分类模型，将数据库中的数据项映射到某个给定的类别中，主要用于涉及应用分类、趋势预测等场景中，如淘宝商铺将用户在一段时间内的购买情况划分成不同的类，根据情况向用户推荐关联类的商品，从而增加商铺的销售量。

也就是说，分类是一种根据输入样本集建立类别模型，并按照类别模型对未知样本类标号进行标记的方法。在这种分类知识发现中，输入样本个体或实例的类标志是已知的，其任务在于从样本数据的属性中发现个体或实例的一般规则，从而根据该规则对未知样本数据对象进行标记。

分类问题往往采用经验性方法构造映射规则，即一般情况下的分类问题缺少足够的信息来构造100%正确的映射规则，而是通过对经验数据的学习从而实现一定概率意义上正确的分类，因此训练出的分类器，并不是一定能将每个待分类项准确映射到其分类，分类器的质量与分类器构造方法、待分类数据的特性以及训练样本数量等诸多因素有关。

例如，医生对病人进行诊断就是一个典型的分类过程，任何一个医生都无法直接看到病人的病情，只能通过观察病人表现出的症状和各种化验检测数据来推断病情，这时医生就好比一个分类器，而这个医生诊断的准确率，与他当初受到的教育方式（构造方法）、病人的症状是否突出（待分类数据的特性）以及医生的经验多少（训练样本数量）都有密切关系。

2.1.2　分类过程

分类过程主要包括两个步骤：模型构造（学习）和模型使用（分类）。

第一步　模型构造，即学习。

分类模型可以表示为分类规则、决策树、数学公式等，是对已经分类的数据集进行描述。

数据集被划分为训练集和测试集两个独立的数据集合，训练集数据量越大，分类会越准确。如果把数据集划分为k个子集的话，一般而言，对于大规模的数据集，用2/3k个子集作为训练集，1/3k个子集作为测试集；对于中等规模数据集，用k–1个子集作为训练集，另一个子集作为测试集；对于小规模数据集，全部作为训练集。通过训练集数据特点，得出分类规则：职称为教授或者年限大于6年的是终身教授，如图2-1所示。

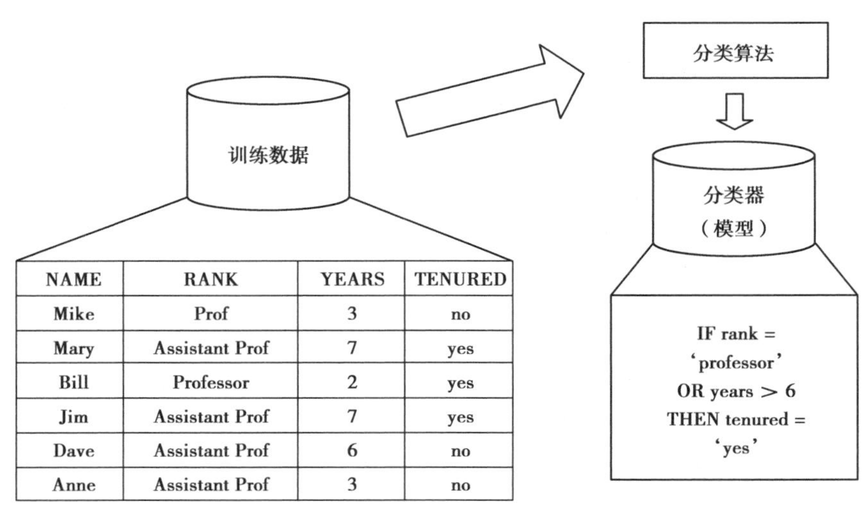

NAME	RANK	YEARS	TENURED
Mike	Prof	3	no
Mary	Assistant Prof	7	yes
Bill	Professor	2	yes
Jim	Assistant Prof	7	yes
Dave	Assistant Prof	6	no
Anne	Assistant Prof	3	no

图2-1　分类模型构造

第二步　模型使用，即分类。

根据第一步的分类模型，未分类对象Jeff教授应该分类为终身教授，如图2-2所示。

分类是一种重要的大数据计算分析方法，根据重要数据类的特征向量值及其约束条件，构造分类模型（即分类器），目的是根据数据集的特点把未知类别的样本映射到给定类别中，目前广泛应用于商业大数据计算分析中。由于样本数据的类别标记是已知的，

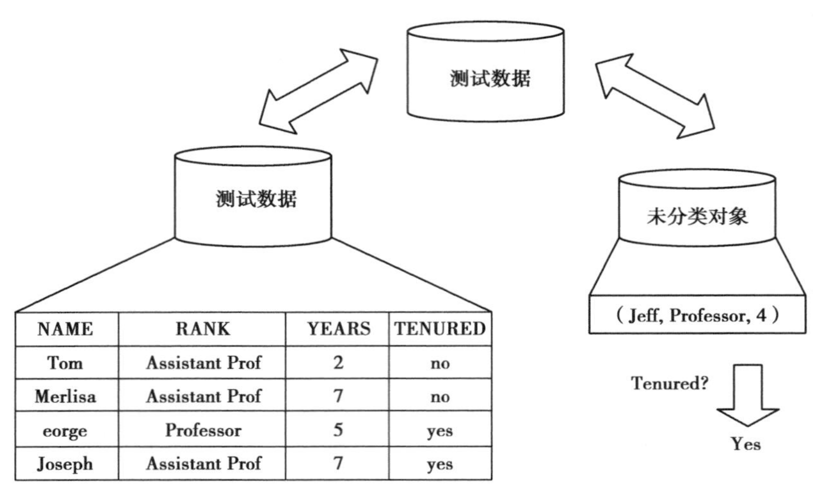

图2-2　分类模型使用

在预先知道目标数据有关类的信息的情况下，从训练样本集中提取分类规则，用于其他标号未知的对象进行类标识，因此，分类又称为有监督的学习。

从数学角度来说，分类问题可做如下定义：

已知集合 $C = y_1, y_2, \cdots, y_n$ 和 $I = x_1, x_2, x_3, \cdots, x_n$，确定映射规则 $y = f(x)$，使得任意 $x_i \in I$ 有且仅有一个 $y_i \in C$，使得 $y_i \in f(x_i)$ 成立。

上述 C 称为类别集合，其中每一个元素就是一个类别，而 I 称为实例项集合（特征集合），其中每一个元素是一个待分类实例项，f 称为分类器。分类算法的任务就是构造分类器 f。

2.1.3　典型分类算法

简单来说，分类就是根据对象的特征或属性，将其划分到已有类别的过程。常用的分类算法包括：决策树分类算法，朴素的贝叶斯分类算法、基于支持向量机（SVM）的分类器，神经网络法，K最近邻法（K-Nearest Neighbor，KNN），模糊分类法等。下面主要介绍决策树分类算法和贝叶斯分类算法。

1）决策树分类算法

决策树是一种依托于策略抉择建立起来的，用于对实例进行分类的树形结构。决策树由节点（node）和有向边（directed edge）组成。节点的类型有两种：内部节点和叶子节点。其中，内部节点表示一个特征或属性的测试条件（用于分开具有不同特性的记录），叶子节点表示一个分类。

一旦构造了一个决策树模型，以它为基础来进行分类将是非常容易的。具体做法是，从根节点开始，对实例的某一特征进行测试，根据测试结构将实例分配到其子节点（也就是选择适当的分支）。沿着该分支可能到达叶子节点或者到达另一个内部节点时，那么就使用新的测试条件递归执行下去，直到抵达一个叶子节点。当到达叶子节点时，人们便得到了最终的分类结果。

决策树是一种以树形数据结构来展示决策规则和分类结果的模型，作为一种归纳学习算法，其重点是将看似无序、杂乱的已知实例，通过某种技术手段将它们转化成可以预测未知实例的树状模型，每一条从根节点（对最终分类结果贡献最大的属性）到叶子节点（最终分类结果）的路径都代表一条决策的规则。决策树算法的优势在于，它不仅简单易于理解，而且高效实用，构建一次就可以多次使用，或者只对树模型进行简单的维护就可以保持其分类的准确性。

决策树算法采用自上而下递归构建树的技术，该算法的产生源于CLS（Concept Learning System，概念学习系统），图2-3展示一个CLS系统的简易模型。该模型是决策树发展的理论基础，该模型定义了一个学习系统的基本结构。

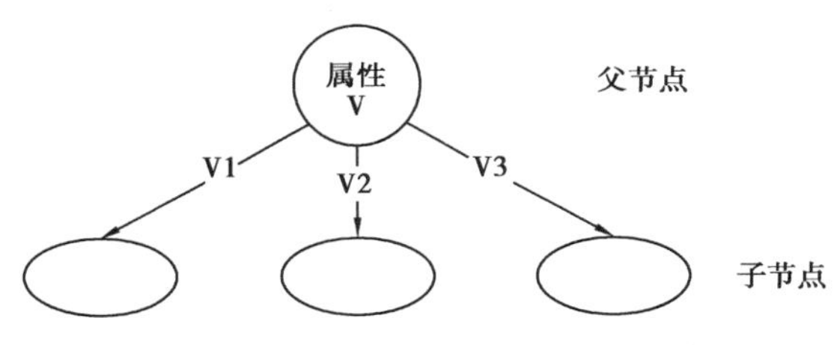

图2-3　CLS简易模型

通俗来说，决策树分类的思想类似于找对象。现在，想象一个女孩的母亲要给这个女孩介绍男朋友，于是有了下面的对话：

女儿：多大年纪了？

母亲：26岁。

女儿：长得帅不帅？

母亲：挺帅的。

女儿：收入高不？

母亲：不算很高，中等情况。

女儿：是公务员吗？

母亲：是，在税务局上班呢。

女儿：那好，我去见见。

这个女孩的决策过程就是典型的分类树决策。其实质就是通过年龄、长相、收入和是否是公务员将男人分为两个类别：见和不见。

假设这个女孩对男人的要求是：30岁以下、长相中等以上并且是高收入者或中等以上收入的公务员，那么这个可以用图2-4表示女孩的决策逻辑。

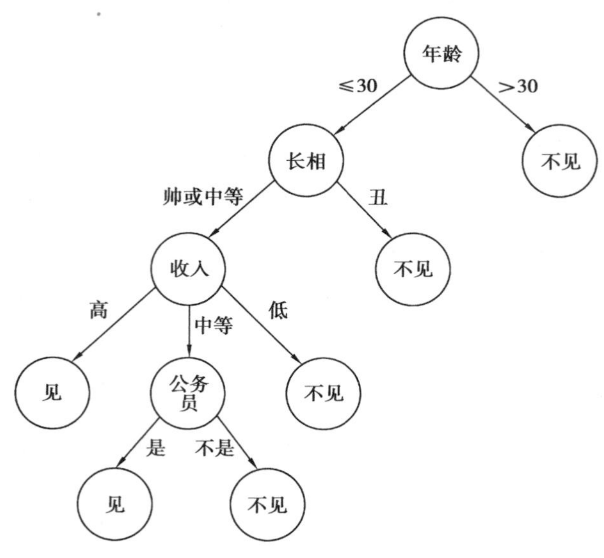

图2-4　见面决策树

决策树分类算法的关键就是根据“先验数据”构造一棵最佳的决策树，用以预测未知数据的类别。根据不同的建树思想，决策树分类算法会延伸出一系列新的分类算法。

国际权威的学术组织IEEE International Conference on Data Mining（ICDM）曾在21世纪初期，将两种决策树算法（C4.5算法和CART算法）列入数据挖掘领域十大经典算法之中。可见决策树算法优良的结构特性和算法效率，得到了很多专家学者的一致认可。

当今社会，信息化的程度日益提高，人们被各种数据所包围。数据挖掘作为一种新兴的学术领域，它的发展极大地促进了人们对海量数据中所蕴含的知识的认识程度。数据挖掘最根本的目的就是，通过各种有效的技术手段，在已知的数据中探寻有价值的信息。决策树分类算法，作为一种简单高效、容易理解的启发式算法，有着广泛的应用领域。近年来随着模糊理论与决策树的融合，使得该算法更为智能，更符合人的思维方式，极大地扩展了其应用范围。

2）贝叶斯分类算法

贝叶斯分类算法是一类分类算法的总称，它利用概率统计知识进行分类，这类算法均以贝叶斯定理为基础，故统称为贝叶斯分类。这些算法主要利用贝叶斯定理，来预测一个未知类别的样本属于哪个类别的可能性，选择其中可能性最大的一个类别作为该样本的最终类别。由于贝叶斯定理的成立，本身需要一个很强的条件独立性假设前提，而此假设在实际情况中经常是不成立的，因而其分类准确性就会下降。为此就出现了许多降低独立性假设的贝叶斯分类算法，如TAN（Tree Augmented Bayes Network）算法，它是在贝叶斯网络结构的基础上通过增加属性对之间的关联来实现的。而朴素贝叶斯分类是贝叶斯分类中最简单，也是常见的一种分类方法。下面重点介绍朴素贝叶斯分类算法。

（1）贝叶斯定理

贝叶斯统计方式与统计学中的频率概念是不同的，统计学是从频率的角度出发，即假定数据遵循某种分布，人们的目标是确定该分布的几个参数，在某个固定的环境下做模型。而贝叶斯定理则是根据实际的推理方式来建模，用得到的数据，来更新模型对某事件即将发生的可能性的预测结果。在贝叶斯统计学中，人们使用数据来描述模型，而不是使用模型来描述数据。

贝叶斯定理旨在计算$P(A|B)$的值，也就是在已知B发生的条件下，A发生的概率是多少。大多数情况下，B是被观察事件，比如“昨天下雨了”，A为预测结果“今天会下雨”。对数据挖掘来说，B通常是观察样本个体，A为被预测个体所属类别。所以，说简单一点，贝叶斯就是计算：B是A类别的概率。

贝叶斯公式：

$$P(A|B)=\frac{P(B|A)P(A)}{P(B)} \tag{2-1}$$

例如，想计算含有单词“drugs”的邮件为垃圾邮件的概率。

在这里，A为“这是封垃圾邮件”。先来计算$P(A)$，它也被称为先验概率，计算方法是，统计训练中的垃圾邮件的比例，如果数据集每100封邮件有30封垃圾邮件，$P(A)$为30/100=0.3。

B表示“该封邮件含有单词‘drugs’”。类似地，可通过计算数据集中含有单词“drugs”的邮件数$P(B)$。如果每100封邮件有10封包含有“drugs”，那么$P(B)$就为10/100=0.1。

$P(B|A)$指的是垃圾邮件中含有单词“drugs”的概率，计算起来也很容易，如果30封邮件中有6封含有“drugs”，那么$P(B|A)$的概率为6/30=0.2。

现在，就可以根据贝叶斯定理计算出$P(A|B)$，得到含有“drugs”的邮件为垃圾邮件的概率。把上面的每一项代入前面的贝叶斯公式，得到结果为0.6。这表明如果邮件中含有“drugs”这个词，那么该邮件为垃圾邮件的概率为60%。

（2）朴素贝叶斯

通过上面的例子可以知道它能计算个体从属于给定类别的概率。因此，它能用来分类。

用C表示某种类别，用D代表数据集中的一篇文档，来计算贝叶斯公式所要用到的各种统计量，对于不好计算的，做出朴素假设，简化计算。

$P(C)$为某一类别的概率，可以从训练集中计算得到。

$P(D)$为某一文档的概率，它涉及很多特征，计算很难。但是，可以这样理解，当在计算文档属于某一类别时，对于所有类别来说，每一篇文档都是独立重复事件，$P(D)$相同，因此根本不用计算它。稍后看怎样处理它。

$P(D|C)$为文档D属于C类的概率，由于D包含很多特征，计算起来很难，这时朴素贝叶斯就派上用场了，朴素地假定各个特征是互相独立的，分别计算每个特征（$D1$、$D2$、$D3$等）在给定类别的概率，再求它们的积。

$$P(D|C) = P(D1|C)*P(D2|C)*P(D3|C)\cdots*P(Dn|C) \tag{2-2}$$

式(2-2)右侧对于二值特征相对比较容易计算。直接在数据集中进行统计，就能得到所有特征的概率值。

相反，如果不做朴素的假设，就要计算每个类别不同特征之间的相关性。这些计算很难完成，如果没有大量的数据或足够的语言分析模型是不可能完成的。

到这里，算法就很明确了。对于每个类别，都要计算$P(C|D)$，忽略$P(D)$项。概率较高的那个类别即为分类结果。

朴素贝叶斯分类是基于各类别相互独立这一假设来进行分类计算的，也就是要求若给定一个数据样本类别，其样本属性的取值应是相互独立的。这一假设简化了分类计算的复杂性，若这一假设成立，则与其他分类方法相比，朴素贝叶斯分类法是最准确的，具有最小的错误率。

对于朴素贝叶斯还需要说明的一点是：若某种属性值在训练集中没有与某个类同时出现过，则直接基于概率估计公式得出来概率为0，再通过各个属性概率连乘式计算出的概率也为0，这就导致没有办法进行分类了，所以，为了避免属性携带的信息被训练集未出现的属性值"抹去"，在估计概率值时通常要进行"平滑"，常用"拉普拉斯修正"。拉普拉斯修正避免了样本不充分而导致概率估计为0的问题，并且在训练集样本变大的时候，修正过程所引入的先验影响也会逐渐变得可忽略，使得估计值越来越接近实际概率值。

2.1.4 案例：海洋生物分类

各种各样的海洋生物里，鱼类是同人们生活最密切的一种，它们也是海洋里的主要居民之一，在蔚蓝的大海里自由自在地畅游，给大海带来无限生机。海洋鱼类有一万多种，它们是一类用鳃呼吸、用鳍游泳、身体表面长着鳞片的海洋脊椎动物。

从两极海域到赤道海域，从浅海到大洋，从表层到深渊都分布着海洋鱼类。生活环境的多样，促成了海洋鱼类的多样性，有些鱼类还有着神奇的本领：会发光、会放电、会治病、会飞等。它们的形态也各不相同，有非常适于游泳的梭形，有适合在海底生活的侧扁形，此外还有蛇形、带形甚至球形。

那么，具有什么属性的海洋生物属于鱼类呢？

用主成因分析法（PCA）对海洋生物属性进行降维分析，得出判断一种海洋生物是否为鱼类的主要属性有两个：是否不浮出水面也可以生存，是否有尾鳍。

人们用决策树分类算法来对海洋生物进行分类，这里只分为“是鱼类”和“不是鱼类”两种。

第一步　模型构造，即建立决策树。

采集的海洋生物数据信息见表2-1，在所选取的5个样本信息中，每个样本都包含“不浮出水面是否可以生存”和“是否有尾鳍”两个属性列，以及是否属于鱼类的结论属性列。

表2-1　海洋生物样本数据

序号	不浮出水面是否可以生存	是否有尾鳍	是否属于鱼类
1	是	是	是
2	是	是	是
3	是	否	否
4	否	是	否
5	否	是	否

根据这个样本数据集构造出的决策树如图2-5所示。

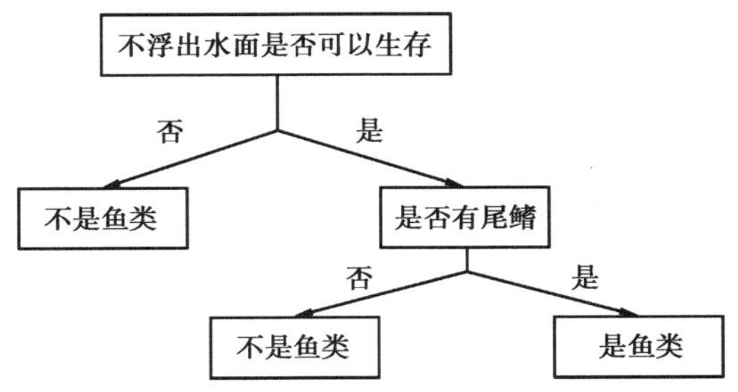

图2-5　海洋生物分类决策树

第二步　模型使用，即分类。

输入任意海洋生物的“不浮出水面是否可以生存”和“是否有尾鳍”两个属性信息，从根开始搜索前面构建好的决策树，直到搜索到某个叶子节点，此叶子节点的属性即为该海洋生物是否为鱼类的结论属性。

关于海洋生物分类程序源代码、样本数据及实验过程可通过扫描二维码查看。

实验一　海洋生物分类

2.2 聚类

俗话说,"物以类聚,人以群分",在自然科学和社会科学中,都存在着大量的分类问题。所谓类,通俗地说,就是指相似元素的集合。

聚类分析起源于分类学,在古老的分类学中,人们主要依靠经验和专业知识来实现分类,很少利用数学工具进行定量分类。随着人类科学技术的发展,对分类的要求越来越高,以致有时仅凭经验和专业知识很难确切地进行分类,于是人们逐渐地把数学工具引用到了分类学中,形成了数值分类学,之后又将多元分析的技术引入到数值分类学形成了聚类分析。聚类分析内容非常丰富,有系统聚类法、有序样品聚类法、动态聚类法、模糊聚类法、图论聚类法、聚类预报法等。

聚类与分类不同,在分类模型中,存在样本数据,这些数据的类标号是已知的,分类的目的是从训练样本集中提取出分类的规则,用于对其他未知实例对象进行类标识。在聚类中,预先不知道目标数据的有关类的信息,需要以某种度量为标准将所有的数据对象划分到各个簇中。所以,聚类分析又称为无监督学习。

2.2.1 什么是聚类

聚类(clustering)就是将具体或抽象对象的集合分成由相似对象组成的多个类或者簇的过程。

由聚类生成的簇是一组数据对象的集合,簇必须同时满足两个条件。第一个条件是每个簇至少包含一个数据对象;另外一个条件就是每个数据对象必须属于且唯一地属于一个簇。

聚类的用途是很广泛的。在商业上,聚类可以帮助市场分析人员从消费者数据库中区分出不同的消费群体来,并且概括出每一类消费者的消费模式或者说习惯。

2.2.2 聚类过程

聚类是将数据对象分类到不同的类或者簇的一个过程,所以同一个簇中的对象有很大的相似性,而不同簇间的对象有很大的相异性。

从机器学习的角度讲,聚类是搜索簇的无监督学习过程。与分类不同,无监督学习不依赖预先定义的类或带类标记的训练实例,需要由聚类学习算法自动确定标记,而分类学习的实例或数据对象有类别标记。聚类是观察式学习,而不是示例式的学习。

聚类分析是一种探索性的分类,在分类的过程中,人们不必事先给出一个分类的标准,聚类分析能够从样本数据出发,自动进行分类。聚类分析所使用方法的不同,常常会得到不同的结论。不同研究者对同一组数据进行聚类分析,所得到的聚类数也未必一致。

从实际应用的角度看,聚类分析是数据挖掘的主要任务之一。而且聚类能够作为一种独立的工具获得数据的分布状况,观察每一簇数据的特征,集中对特定的聚簇集合作进一步分析。聚类分析还可以作为其他算法(如分类和定性归纳算法)的预处理步骤。

1)聚类步骤

聚类一般包括以下几个主要过程或步骤。

①数据预处理:包括选择数据数量、类型、特征标度、移除孤立点、降维等。特征标度主要包括特征选择和特征抽取。特征选择就是选择数据的重要特征;特征抽取就是把输入的特征转化为一个新的显著特征。

②定义距离函数:聚类过程中,不同数据在同一个特征空间中的相似度衡量就非常重要,距离计算是最为常见的相似度度量方法,定义合适特征类型的距离函数是聚类的关键之一。

③聚类或分组:用距离函数对数据对象进行相似度度量,根据度量结果将数据对象分到不同的类中。

④评估输出:评估聚类结果的质量。通过类有效索引来评估,一般来说,几何性质(包括类间的分离和类内部的耦合)都是用来评价聚类结果的质量。类有效索引在决定类的数目时,经常扮演着重要角色。一个通常的决定类数目的方法,就是选择一个特定的类有效索引的最佳值,这个索引能否真实得出类的数目是判断该索引是否有效的标准。

2)聚类算法分类

聚类算法种类繁多,具体的算法选择取决于数据类型、聚类的应用和目的等。常用的聚类算法大致可以分为:划分聚类、层次聚类、密度聚类、网格聚类、模型聚类等几大类型,在实际应用中的有效聚类算法,往往是多种聚类算法的整合。

(1)基于划分的聚类算法

给定一个有 N 个元组或者记录的数据集,划分法将构造 K 个分组,每一个分组就代表一个聚类,$K<N$。

特点:计算量大,很适合发现中小规模的数据库中的球状簇。

典型算法:K-means算法、K-Medoids算法、Clarans算法等。

(2)基于层次的聚类算法

对给定的数据集进行层次式的分解,直到某种条件满足为止。具体又可分为“自底向上”和“自顶向下”两种方案。

特点:较小的计算开销,但不能更正错误的决定。

典型算法:Birch算法、Cure算法、Chameleon算法等。

(3)基于密度的聚类算法

只要一个区域中的点的密度超过某个阈值,就把它加到与之相近的聚类中去。

特点:能克服基于划分的算法只能发现“类圆形”聚类的缺点。

典型算法:Dbscan算法、Opiics算法、Denclue算法等。

(4)基于网格的聚类算法

将数据空间划分成有限个单元(cell)的网格结构,所有的处理都是以单个的单元为对象。

特点:处理速度很快,通常与目标数据库中记录的个数无关,只与把数据空间分为多少个单元有关。

典型算法:STING算法、CLIQUE算法、WaveCluste算法等。

(5)基于模型的聚类算法

为每个聚类假定了一个模型,寻找数据对给定模型的最佳拟合。这样一个模型可能是数据点在空间中的密度分布函数或者其他函数。

特点:这类算法试图优化给定的数据和某些数学模型之间的适应性,通常会假设“数据是根据潜在的概率分布生成的”。

典型算法:K-means算法、EM算法、COBWEB算法、SOM算法等。

3)聚类要求

聚类算法一般有以下要求:

(1)可伸缩性

许多聚类算法在小于200个数据对象的小数据集合上工作得很好。但是,一个大规模数据库可能包含几百万个对象,在这样的大数据集合样本上进行聚类可能会导致有偏的结果。这时就需要具有高度可伸缩性的聚类算法。

(2)不同属性

许多算法被设计用来聚类数值类型的数据。但是,应用可能要求聚类其他类型的数据,如二元类型(binary)、分类/标称类型(categorical/nominal)、序数型(ordinal)数据,或者这些数据类型的混合。这时就要求聚类算法具有处理不同类型属性的能力。

(3)任意形状

许多聚类算法基于欧几里得或者曼哈顿距离度量来决定聚类。基于这样的距离度量的算法趋向于发现具有相近尺度和密度的球状簇。但是,一个簇可能是任意形状的,这时就需要能发现任意形状簇的聚类算法。

(4)领域最小化

许多聚类算法在聚类分析中要求用户输入一定的参数,例如希望产生的簇数目。聚类结果对于输入参数十分敏感。然而,参数通常很难确定,特别是对于包含高维对象的数据集来说。这样不仅加重了用户的负担,也使得聚类的质量难以控制。这时就要求聚类算法需要用户输入的参数最少。

(5)处理噪声

绝大多数现实中的数据库都包含了孤立点、缺失或者错误的数据。一些聚类算法对于这样的数据敏感,可能导致低质量的聚类结果。这就要求聚类算法具有处理噪声数据的能力。

(6)记录顺序

一些聚类算法对于输入数据的顺序是敏感的。例如,同一个数据集合,当以不同的顺序提交给同一个算法时,可能生成差别很大的聚类结果。这时,开发对数据输入顺序不敏感的算法具有重要的意义。

(7)高维度

一个数据库或者数据仓库可能包含若干维或者属性。许多聚类算法擅长处理低维的数据,可能只涉及两到三维。人类的眼睛在最多三维的情况下能够很好地判断聚类的质量。在高维空间中聚类数据对象是非常有挑战性的,特别是考虑到这样的数据可能分布非常稀疏,而且高度偏斜。设计对高维空间中的数据对象(特别是对高维空间稀疏和怪异分布的数据对象)能进行较好聚类分析的聚类算法已经成为聚类研究中的一项挑战。

(8)基于约束

现实世界的应用可能需要在各种约束条件下进行聚类。假设你的工作是在一个城市中为给定数目的自动提款机选择安放位置。为了作出决定,你可以对住宅区进行聚类,同时考虑如城市的河流和公路网,每个地区的客户要求等情况。要找到既满足特定的约束,又具有良好聚类特性的数据分组是一项具有挑战性的任务。

(9)解释性和可用性

用户希望聚类结果是可解释的、可理解的和可用的。也就是说,聚类可能需要和特定的语义解释和应用相联系。应用目标如何影响聚类方法的选择也是一个重要的研究课题。

2.2.3 典型聚类算法

数据聚类就是将本没有类别参考的数据进行分析并划分为不同的聚类,即从这些数据导出类标号。聚类分析本身就是根据数据来发掘数据对象及其关系信息,并将这些数据分类。每个类内的对象之间是相似的,而各个类间的对象是不相关的。不难理解,类内相似性越高,类间相异性越高,则聚类效果越好。

K-means算法,应该是聚类算法中最为基础但也最为重要的算法。

1)K-means算法思想

由于具有出色的速度和良好的可扩展性,K-means聚类算法算得上是最著名的聚类方法。K-means算法是一个重复移动聚类中心点的过程,把聚类的中心点,也称重心(centroid),移动到其包含成员的平均位置,然后重新划分其内部成员。K是算法计算出的超参数,表示聚类的数量。K-means可以自动分配样本到不同的聚类,但是不能决定究竟要分几个聚类。K必须是一个比训练集样本数小的正整数。有时,聚类的数量是由问题内容指定。例如,一个鞋厂有三种新款式,它想知道每种新款式都有哪些潜在客户,于是它调研客户,然后从数据里找出三个聚类。也有一些问题没有指定聚类的数量,最优的聚类数量是不确定的。

K-means的参数是聚类的重心位置和其内部观测值的位置。与广义线性模型和决策树类似,K-means参数的最优解也是以成本函数最小化为目标。K-means成本函数公式如下:

$$I=\sum_{i=1}^{k}\sum_{j\in c_k}(x_j-\mu_i)^2 \tag{2-3}$$

c_k指第k个聚类,x_j指每个类内部成员,μ_i指第i个聚类的重心位置。成本函数是各个聚类畸变程度(distortion)之和。每个聚类的畸变程度等于该聚类重心与其内部成员位置距离的平方和。若聚类内部的成员彼此间越紧凑则该聚类的畸变程度越小,反之,若聚类内部的成员彼此间越分散则该聚类的畸变程度越大。求解成本函数最小化的参数就是一个重复配置每个聚类包含的观测值,并不断移动聚类重心的过程。首先,聚类的重心是随机确定的位置。实际上,重心位置等于随机选择的观测值的位置。每次迭代的时候,K-means会把观测值分配到离待分类成员最近的聚类,然后把重心移动到该聚类全部成员位置的平均值那里。

2)K-means算法流程

输入:聚类个数k,数据集X_{mxn}。

输出:满足方差最小标准的k个聚类。

①选择k个初始中心点,例如$c[0]=X[0], \cdots, c[k-1]=X[k-1]$;

②对于$X[0]\cdots X[n]$,分别与$c[0]\cdots c[k-1]$比较,假定与$c[i]$差值最少,就标记为i;

③对于所有标记为i点,重新计算$c[i]=\{$所有标记为i的样本的每个特征的均值$\}$;

④重复②③,直到所有$c[i]$值的变化小于给定阈值或者达到最大迭代次数。

3)K-means算法优缺点

①在K-means算法中k需要事先确定,这个k值有时候比较难确定。

②在K-means算法中,首先需要初始k个类中心,然后以此确定一个初始划分,最后对初始划分进行优化。这个初始聚类中心的选择对聚类结果有较大的影响,一旦初始值选择得不好,可能无法得到有效的聚类结果。多设置一些不同的初值,对比最后的运算结果,一直到结果趋于稳定结束。

③该算法需要不断地进行样本分类调整,不断地计算调整后的新的聚类中心,因此当数据量非常大时,算法的时间开销是非常大的。

④对离群点很敏感。

⑤从数据表示角度来说,在K-means中,用单个点来对cluster进行建模,这实际上是一种最简化的数据建模形式。这种用点来对cluster进行建模实际上就已经假设了各cluster的数据是呈圆形(或者高维球形)或者方形等分布的。不能发现非凸形状的簇。但在实际生活中,很少能有这种情况。所以在混合高斯分布聚类模型GMM(gaussian mixture model)中,使用了一种更加一般的数据表示,也

就是高斯分布。

⑥从数据先验的角度来说，在K-means中，假设各个cluster的先验概率是一样的，但是各个cluster的数据量可能是不均匀的。举个例子，cluster A中包含了10 000个样本，cluster B中只包含了100个。那么对于一个新的样本，在不考虑其与cluster A、cluster B相似度的情况，其属于cluster A的概率肯定是要大于cluster B的。

⑦在K-means中，通常采用欧氏距离来衡量样本与各个cluster的相似度。这种距离实际上假设了数据的各个维度对相似度的衡量作用是一样的。

⑧在K-means中，各个样本点只属于与其相似度最高的那个cluster，这实际上是一种hard clustering。

针对K-means算法的缺点，很多前辈提出了一些改进的算法。例如K-Modes算法，实现对离散数据的快速聚类，保留了K-means算法的效率同时将K-means的应用范围扩大到离散数据。还有K-Prototype算法，可以对离散与数值属性两种混合的数据进行聚类，在K-Prototype中定义了一个对数值与离散属性都计算的相异性度量标准。

K-means更像是一种top-down思想，它们要解决的问题是，确定cluster数量，也就是k的取值。在确定了k后，再来进行数据的聚类。

2.2.4 案例：鸢尾花分类

鸢尾花也被称为爱丽丝，属于鸢尾科多年生草本植物，它的花朵具有美丽的外形，叶片如碧玉般青翠，具有很高的欣赏价值。它的很多品种或被种在庭院中供人欣赏，或被栽在花坛里用作装饰，但主要是被种植在湿润的畦地、池边、湖畔或者鸢尾花专用花园里。此外，鸢尾花还可以作为切花和地被植物。鸢尾花有很多个品种，不同品种的鸢尾花的生长习性是不相同的。

现有若干鸢尾花的数据，每朵鸢尾花有4个数据，分别为萼片长（单位：厘米）、萼片宽（单位：厘米）、花瓣长（单位：厘米）和花瓣宽（单位：厘米）。希望能找到可行的方法按每朵花的4个数据的差异将这些鸢尾花分成若干类，让每一类尽可能准确，以便帮助植物专家对这些花进行进一步的分析。

表2-2为所获得的鸢尾花数据集，包含四个特征数据和一个标签数据。这四个特征数据确定了单株鸢尾花的下列植物学特征：花萼长度、花萼宽度、花瓣长度、花瓣宽度，标签数据确定了该鸢尾花所属品种，标签数据即品种为“山鸢尾（setosa）”“变色鸢尾（versicolor）”或“维吉尼亚鸢尾（virginica）”中的一种。

表2-2　鸢尾花样本数据集

花萼长度	花萼宽度	花瓣长度	花瓣宽度	类型
5.1	3.5	1.4	0.2	setosa
4.9	3.0	1.4	0.2	setosa
4.7	3.2	1.3	0.2	setosa
7.0	3.2	4.7	1.4	versicolor
6.4	3.2	4.5	1.5	versicolor
6.3	2.9	5.6	1.8	virginica
6.5	3.0	5.8	2.2	virginica
7.6	3.0	6.6	2.1	virginica

这里需要说明一下：在具体实验的时候采用的数据集有150项（每个品种有50项），表2-2只是其中的8项。

现在，采用K-means算法来实现鸢尾花的聚类，这里的K=3。

首先，利用样本数据，按照K-means算法计算出判断鸢尾花种类的K=3个质心（即，中心点），图2-6为其算法流程图。

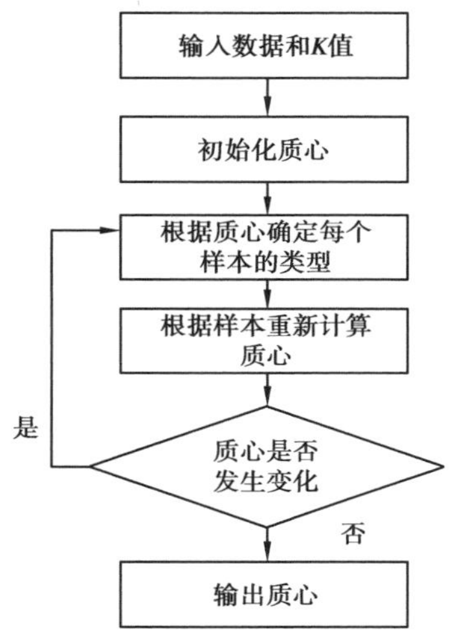

图2-6　K-means算法流程

获得了K=3个质心后，对于任意输入的单个鸢尾花的4个特征数据，就可以计算出其与K=3个质心的欧氏距离，取最小距离的质心为该鸢尾花的质心，即为该鸢尾花所属种类。

关于鸢尾花分类程序源代码、样本数据及实验过程可通过扫描二维码查看。

实验二　鸢尾花分类

2.3　回归分析

英国著名统计学家弗朗西斯·高尔顿（Francis Galton，1822—1911）是最先应用统计方法研究两个变量之间的关系的人。“回归”一词就是由他引入的。他对父母身高与儿女身高之间的关系很感兴趣，并致力于此方面的研究。高尔顿发现，虽然有一个趋势：父母高，儿女也高；父母矮，儿女也矮。但从平均意义上说，给定父母的身高，儿女的身高却趋同于或者说回归于总人口的平均身高。换句话说，尽管父母双亲都异常高或异常矮，儿女身高并非也普遍地异常高或异常矮，而是具有回归于人口总平均高的趋势。更直观地解释,父辈高的群体,儿辈的平均身高低于父辈的身高;父辈矮的群体,儿辈的平均身高高于其父辈的身高。用高尔顿的话说,儿辈身高会“回归”到中等身高。这就是回归一词的最初由来。

2.3.1 什么是回归分析

在统计学中,回归分析(Regression Analysis)指的是确定两种或两种以上变量间相互依赖的定量关系的一种统计分析方法。回归分析按照涉及变量的多少,可分为一元回归和多元回归分析;按照因变量的多少,可分为简单回归分析和多重回归分析;按照自变量和因变量之间的关系类型,可分为线性回归分析和非线性回归分析。

在大数据分析中,回归分析是一种预测性的建模技术,它研究的是因变量(目标)和自变量(预测器)之间的关系。这种技术通常用于预测分析时间序列模型以及发现变量之间的因果关系。例如,司机的鲁莽驾驶与道路交通事故数量之间的关系,最好的研究方法就是回归。

现在有各种各样的回归技术可用于预测,这些技术主要包含三个度量:自变量的个数、回归线的形状以及因变量的类型,如图2-7所示。

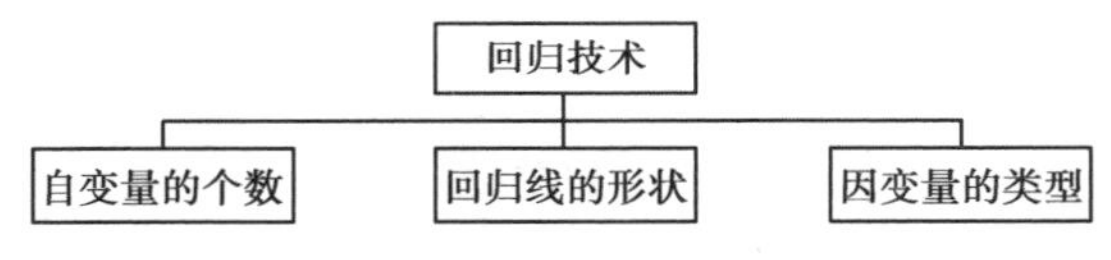

图2-7 回归技术度量要素

回归分析研究的主要问题是:

①确定因变量Y与自变量X间的定量关系表达式,这种表达式称为回归方程;

②对求得的回归方程的可信度进行检验;

③判断自变量X对因变量Y有无影响;

④利用所求得的回归方程进行预测和控制。

2.3.2 回归分析分类

1)线性回归

线性回归(Linear Regression)它是人们最为熟知的建模技术之一。线性回归通常是人们在学习预测模型时首选的少数几种技术之一。在该技术中,因变量是连续的,自变量(单个或多个)可以是连续的也可以是离散的,回归线的性质是线性的。线性回归使用

最佳的拟合直线(也就是回归线)建立因变量(Y)和一个或多个自变量(X)之间的联系。用一个等式来表示它,即:

$$Y = a + bX + e \tag{2-4}$$

其中:a表示截距,b表示直线的倾斜率,e是误差项。

公式(2-4)可以根据给定的单个或多个预测变量(X)来预测目标变量(Y)的值。

一元线性回归和多元线性回归的区别在于,多元线性回归有一个以上的自变量,而一元线性回归通常只有一个自变量。

线性回归要点:

①自变量与因变量之间必须有线性关系;

②多元回归存在多重共线性,自相关性和异方差性;

③线性回归对异常值非常敏感。异常值会严重影响回归线,最终影响预测值;

④多重共线性会增加系数估计值的方差,使得估计值对模型的轻微变化异常敏感,结果就是系数估计值不稳定;

⑤在存在多个自变量的情况下,可以使用向前选择法、向后剔除法和逐步筛选法来选择最重要的自变量。

2)逻辑回归

逻辑回归(Logistic Regression)用来计算“事件=成功”和“事件=失败”的概率。当因变量Y的类型属于二元(1/0,真/假,是/否)变量时,就应该使用逻辑回归。Y的值为0或1时,它可以用下面的等式表示。

$$\begin{aligned}&\text{odds} = p/(1-p) = \text{某事件发生的概率/某事件不发生的概率}\\&\ln(\text{odds}) = \ln(p/(1-p))\\&\text{logit}(p) = \ln(p/(1-p)) = b0 + b1*1 + b2*2 + b3*3 + \cdots + bk*k\end{aligned} \tag{2-5}$$

其中:odds表示某事件发生与不发生的概率比值,p表示具有某个特征的概率,logit是对数log。

在这里使用的是二项分布(因变量),需要选择一个最适用于这种分布的连结函数。它就是Logit函数。在上述等式中,通过观测样本的极大似然估计值来选择参数,而不是普通回归使用的最小化平方和误差。

逻辑回归要点:

①逻辑回归广泛用于分类问题。

②逻辑回归不要求自变量和因变量存在线性关系。它可以处理多种类型的关系,因为它对预测的相对风险指数使用了一个非线性的logit转换。

③为了避免过拟合和欠拟合,应该包括所有重要的变量。可以使用逐步筛选

法来估计逻辑回归。

④逻辑回归需要较大的样本量，因为在样本数量较少的情况下，极大似然估计的效果比普通的最小二乘法差。

⑤自变量之间应该互不相关，即不存在多重共线性。

⑥如果因变量的值是定序变量，则称这类回归为有序逻辑回归。

⑦如果因变量有多个选项，并且各个选项之间不具有对比意义，则称这类回归为多元逻辑回归。

3)多项式回归

对回归方程(2-4)，如果自变量的指数大于1，那么它就是多项式回归方程(Polynomial Regression)。如下方程所示：

$$y = a + bx^2 \tag{2-6}$$

在这种回归技术中，最佳拟合线不是直线，而是一个用于拟合数据点的曲线。

多项式回归要点：

①虽然存在通过高次多项式得到较低错误的趋势，但这可能会导致过拟合。需要经常画出关系图来查看拟合情况，并确保拟合曲线正确体现了问题的本质。

②须特别注意尾部的曲线，观察这些形状和趋势是否合理。更高次的多项式最终可能产生怪异的推断结果。

4)其他回归分析方法

根据不同预测需求还有很多其他的回归分析方法，典型的包括逐步回归(Stepwise Regression)、岭回归(Ridge Regression)、套索回归(Lasso Regression)等。

2.3.3 常用回归分析软件

用于回归设计的统计软件较多，无论是对回归方案设计，还是对试验数据处理和回归设计成果的应用分析，都有相应的软件支撑，或是自编自用的专业软件，或是具有商业性质的统计软件包，多种多样，各有特色。为了便于回归设计的更好应用，这里简要地介绍挑选或评价统计软件的基本思考以及几种回归设计常用的统计软件，以供相关人员简洁地选用。

1)统计软件的选用原则

在挑选或评价统计软件时，应从以下几个方面加以考虑。

(1)可用性

一个软件如果能为用户提供良好的用户界面、灵活的处理方式和简明的语句或命令,就称这个软件可用性强。随着统计软件在可用性方面的不断进步,很多统计软件的语法规则简明、灵活、学用方便,这是人们非常欢迎的。

(2)数据管理

数据录入、核查、修改、转换和选择,统称为数据管理。好的统计软件,如SPSS(Statistical Package for the Social Science),SAS(Statistical Analysis System)等的数据管理功能已近似于大众化的数据库软件。统计软件与数据库软件之间建立接口,使数据管理不断深入,用起来非常方便。

(3)文件管理

数据文件、程序文件、结果文件等一些文件的建立、存取、修改、合并等,统称为文件管理。统计软件的功能越强,文件管理操作就越简单越方便。由于操作系统本身文件管理功能较强,因此,从统计软件直接调用操作系统的命令,可大大增强其文件管理功能。好的统计软件都已设计了这类调用指令。

(4)统计分析

统计分析是统计软件的核心。有些软件,如SAS,BMDP(Bio Medical Data Processing)等。所包括的分析过程,足够科研与管理之需。由于统计量的选择,参数估计的方法等是多种多样的,用户往往希望统计分析过程尽可能多地提供选项,这样可以提高统计分析的灵活性和深度。

(5)容量

尽管处理的数据量与计算机硬件有直接关系,然而,软件的设计和程序编写技巧仍起很大作用。统计软件好,在一定程度上可以弥补硬件的不足,而低水平的软件会浪费好的硬件配置。通常,统计软件应至少能同时进行不小于10个变量的上千个数据点的分析、综合、对比与预测。

2)常用软件

(1)SAS软件系统

SAS软件系统于20世纪70年代左右由美国SAS研究所开发。SAS软件是用于决策支援的大型集成资讯系统,但该软件系统最早的功能限于统计分析。统计分析功能是它的重要模组和核心功能。SAS遍布全世界,重要应用领域涵盖政府的经济决策与企业的决策支援应用等，使用的单位涉及金融、医药卫生、生产、运输、通信、科学研究、政府和教育等领域。在资料处理和统计分析领域，SAS系统曾被誉为统计软件界的巨无霸。

SAS是一个模块化、集成化的大型应用软件系统。它由数十个专用模块构成，功能包括数据访问、数据储存及管理、应用开发、图形处理、数据分析、报告编制、统计预测等。SAS系统基本上可以分为四大部分：SAS数据库部分、SAS分析核心、SAS开发呈现工具、SAS对分布处理模式的支持及其数据仓库设计。SAS系统主要完成以数据为中心的四大任务：数据访问、数据管理、数据呈现和数据分析。

SAS是由大型机系统发展而来，其核心操作方式就是程序驱动，经过多年的发展，成为了一套完整的计算机语言，其用户界面也充分体现了这一特点。它采用MDI（多文档界面），用户在PGM视窗中输入程序，分析结果以文本的形式在OUTPUT视窗中输出。使用程序方式，用户可以完成所有需要做的工作，包括统计分析、预测、建模和模拟抽样等。但是，这使得初学者在使用SAS时必须要学习SAS语言，入门比较困难。

（2）Excel软件

在回归设计的实践中，一些计算机软件可以解决多元回归分析的求解问题，但常常是数据的输入和软件的操作运用要经过专门训练。Excel软件为回归分析的求解给出了非常方便的操作过程，而且Excel软件几乎在每台计算机上都已经安装。

Excel是一个面向商业、科学和工程计算的数据分析软件，它的主要优点是具有对数据进行分析、计算、汇总的强大功能。除众多的函数功能外，Excel的高级数据分析工具则给出了更为深入、更为有用、针对性更强的各类经营和科研分析功能。高级数据分析工具集中了Excel最精华、对数据分析最有用的部分，其分析工具集中在Excel主菜单中的“工具”子菜单内。

Excel是以电子表格的方式来管理数据的，所有的输入、存取、提取、处理、统计、模型计算和图形分析都是围绕电子表格进行的。

（3）Statistica软件

Statistica是由统计软件公司（Statsoft）开发，专用于科技及工业统计的大型软件包。它除了具有常规的统计分析功能，还包括有因素分析、质量控制、过程分析、回归设计等模块。利用其回归设计模块可以进行回归正交设计、正交旋转组合设计、正交多项式回归设计、A最优及D最优设计等。该软件包还可以进行对试验结果的统计检验、误差分析、试验水平估计和各类统计图表、曲线、曲面的分析计算工作。

（4）SPSS软件

SPSS是世界上最早采用图形菜单驱动界面的统计软件，它最突出的特点就是操作界面极为友好，输出结果美观漂亮。它将几乎所有的功能都以统一、规范的界面展现出来，将各种管理和数据分析功能用窗口方式呈现，将功能选择以对话框的形式呈现。用户只要掌握一定的Windows操作技能，精通统计分析原理，就可以使用该软件为特定的科研工作服务。SPSS采用类似Excel表格的方式输入与管理数据，数据接口较为通用，能方便地从其他数据库中读入数据。其统计过程包括了常用的、较为成熟的统计过程，完全可以满足非统计专业人士的工作需要。输出结果十分美观，存储时则是专用的SPO格式，可以转存为HTML格式和文本格式。对于熟悉老版本编程运行方式的用户，SPSS还特别设计了语法生成窗口，用户只需在菜单中选好各个选项，然后按“粘贴”按钮就可以自动生成标准的SPSS程序，极大地方便了中、高级用户。

(5)R软件

R语言在统计领域广泛使用，是S语言的一个分支。R语言是S语言的一种实现。S语言是由贝尔实验室开发的一种用来进行数据探索、统计分析、作图的解释型语言。

R是一套完整的数据处理、计算和制图软件系统。其功能包括数据存储和处理系统；数组运算工具(其向量、矩阵运算方面功能尤其强大)；完整连贯的统计分析工具；优秀的统计制图功能；简便而强大的编程语言：R软件可以操纵数据的输入和输出，可实现数据的分支和循环处理，用户可自定义功能。

与其说R是一种统计软件，还不如说R是一种数学计算的环境，因为R并不是仅仅提供若干统计程序、使用者只需指定数据库和若干参数便可进行一个统计分析。R的思想是：它可以提供一些集成的统计工具，但更大量的是它提供各种数学计算、统计计算的函数，从而使使用者能灵活机动地进行数据分析，甚至创造出符合需要的新的统计计算方法。

R是一个开源软件，代码全部开放，对所有人免费。它有UNIX、Linux、MacOS和Windows版本，都是可以免费下载和使用的。在R主页可以下载到R的安装程序、各种外挂程序和文档。在R的安装程序中只包含了8个基础模块，其他外在模块可以通过CRAN获得。

2.3.4　案例：广告投入与产品销量预测

在市场营销活动中，广告宣传是一种商品推销的重要途径与手段，商家往往会根据自己商品的特点选择最能提高产品销量的广告宣传渠道和形式。对于商家来说，最关心的是，哪些渠道的广告真正影响了销售量？影响比重有多大？

对这个问题的回答，其实可以利用构建线性回归模型来进行预测。

表2-3为某产品销量与广告投入的部分数据，实际的实验数据有200项。

表2-3　产品销量与广告投入数据表

序号	电视广告投入TV/千元	广播广告投入radio/千元	产品销量Y_predict/千台
1	230.1	37.8	22.1
2	44.5	39.3	10.4
3	17.2	45.9	9.3
4	151.5	41.3	18.5
5	180.8	10.8	12.9
6	8.7	48.9	7.2
7	57.5	32.8	11.8
8	120.2	19.6	13.2
9	8.6	2.1	4.8

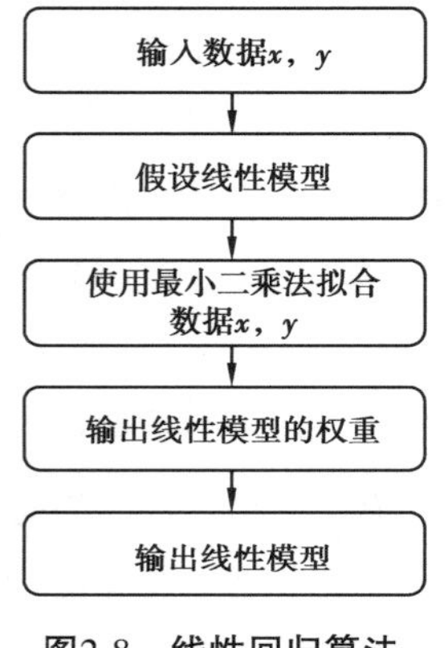

图2-8　线性回归算法

自变量x为电视广告投入和广播广告投入，即表中的第2、3列。因变量y就是产品销量，即表中第4列，在这里，假设线性模型为一元线性回归，即$y = a + bx + e$。

如图2-8所示，根据线性回归算法思想，输入数据x、y，按照线性模型，使用最小二乘法拟合数据x、y，求出线性模型的各个权重，从而得到广告投入与产品销量的线性公式，Y_predict=2.92+0.0458*TV+0.188*radio。

得到电视广告投入和广播广告投入与产品销量的线性模型以后，对于任意输入的电视广告投入和广播广告投入就可以预测其即将带来的产品销量了，从而指导商家广告投入策略。

实验三　广告投入与产品销量预测

关于广告投入与产品销量预测程序源代码、样本数据及实验过程可通过扫描二维码查看。

2.4　关联规则

关联规则是产品推荐中最常用的算法之一，简单地说，就是通过客户的历史购买信息，挖掘出客户在所有产品间按照某种顺序进行选择的可能性。然而，关联规则中的常用度量指标并不唯一，三四个指标相互联系时，如何进行合理的排列组合、找出值得向客户推荐的产品呢？

2.4.1　什么是关联规则

啤酒和尿布的故事已经广为人知。很多年轻的父亲买尿布的时候会顺便为自己买一瓶啤酒。亚马逊通过用户购买数据,使用关联规则,使用大数据的处理手段得出了尿布和啤酒的关系。除了啤酒和尿布,现实生活中存在很多类似的关联关系,一般归纳为:**A事件发生,B事件很可能也会发生。**

关联规则就是有关联的规则,形式定义为:两个不相交的非空集合A、B,如果有$A \to B$,就说$A \to B$是一条关联规则,例如,{啤酒}→{尿布}就是一条关联规则。

为了讲解物品或者事物之间的关联规则,先来了解一下关联规则中所涉及的一些指标和概念。

1)产品的期望概率

产品的期望概率就是对于任意一个客户来说,购买某一产品的可能性。如果现在有两个产品A和B,那么A、B的期望概率就是所有客户中购买了产品A或者产品B的比例,也就是$P(A)$和$P(B)$。

2)产品的置信度和支持度

置信度是用来衡量客户在选择一个产品(即前项产品)后,又选择另一个产品(即后项产品)的可能性。比如,想知道有多少客户选择了A之后又选择了B,其实就是统计学中的条件概率,表达式为:

$$P(B|A) = P(A,B)/P(A) \tag{2-7}$$

这里$P(A,B)$为同时选择A、B的概率,也就是关联规则中的**支持度**;$P(A)$为选择产品A的概率。$P(B|A)$也就是关联规则中的**置信度**。可以看出,置信度就是支持度与产品A(前项产品)期望概率的比值。

产品支持度和置信度越高,说明关联规则越强,关联规则挖掘就是挖掘出满足一定强度的规则。

3)产品的提升度

那么,是不是产品的置信度越高,就越应该给买了产品A的客户推荐产品B呢?

答案并非如此。举个例子来说,如果产品B是一个特别大众的产品,几乎所有客户都会购买,而产品A却是一种小众产品,只有一小撮人会购买,那么置信度

$$P(B|A) = P(A,B)/P(A) \tag{2-8}$$

会无限接近于1,相应的支持度也会很高。也就是说,虽然购买了产品B的客户几乎都会

购买产品A,但产品B的高购买率并非受益于产品A,不是因为客户先购买了产品A带来的提升。

所以,为了测量先购买某一产品对另一产品购买度的提升比例,关联规则中提出了**提升度**这一指标,表达式为**置信度与后项产品期望概率的比值**,即:

$$P(B|A)/P(B) = P(A, B)/(P(A)*P(B)) \tag{2-9}$$

只有当提升度大于1,才能说明购买过产品A的客户比任意一个客户有更高可能性去购买产品B,才有推荐的必要性。

2.4.2 关联规则挖掘过程

关联规则挖掘,就是给定一个交易数据集,找出其中所有支持度和置信度的关联规则。关联规则挖掘分两步进行:

1)频繁项集

这一阶段找出所有满足最小支持度的项集,找出的这些项集称为**频繁项集**。

2)生成规则

在上一步产生的频繁项集的基础上生成满足最小置信度的规则,产生的规则称为**强规则**。

关联规则挖掘所花费的时间主要是在第一步:生成频繁项集上。因为找出的频繁项集往往不会很多,所以2)相对1)耗时少。

为了减少第一步的生成时间,应该尽早地消除一些完全不可能是频繁项集的集合,Apriori算法就通过最小支持度和最小置信度这两个规律来减少频繁项集。

2.4.3 关联规则典型算法

可以根据产品交易数据集合特性选用相应的关联规则算法进行规则分析,下面介绍穷举算法和Apriori算法。

1)穷举算法

穷举算法就是通过穷举产品项集的所有组合,并测试每个组合是否满足条件,从而获取产品间的关联规则。

例如,已知一个商品编号的总项集为{1, 2, 3},那么所有可能的组合如下:

{1},{2}

{1},{3}

{2},{3}

{1},{2,3}

{2},{1,3}

{3},{1,2}

{1,2,3}

共有7种组合,分别检查以上各种组合,在每一种组合上找出满足支持度和置信度要求的关联规则。

穷举算法需要的时间复杂度为$O(2\^N)$,其中N为商品项集的元素个数。对于普通的超市,其商品的项集数也在1万以上,用指数时间复杂度的算法不能在可接受的时间内解决问题。因此穷举算法应用场合是非常受限的。

2)Apriori算法

Apriori算法是一种最有影响的挖掘布尔关联规则频繁项集的算法。其核心是基于两阶段频集思想的递推算法。该关联规则在分类上属于单维、单层、布尔关联规则。在这里,所有支持度大于最小支持度的项集称为频繁项集,简称**频集**。

该算法的基本思想是:首先找出所有的频集,这些项集出现的频繁性至少和预定义的最小支持度一样。然后由频集产生强关联规则,这些规则必须满足最小支持度和最小置信度。最后使用第一步找到的频集产生期望的规则,产生只包含集合的项的所有规则,其中每一条规则的右部只有一项,这里采用的是中规则的定义。一旦这些规则被生成,那么只有那些大于用户给定的最小置信度的规则才被留下来。为了生成所有频集,使用了递推的方法。

Apriori算法采用了逐层搜索的迭代的方法,算法简单明了,没有复杂的理论推导,也易于实现。但其有一些难以克服的缺点:

①对数据库的扫描次数过多。

②Apriori算法会产生大量的中间项集。

③采用唯一支持度。

④算法的适应面窄。

2.4.4　案例:毒蘑菇的相似特征

蘑菇是人们生活中比较常见的真菌,营养丰富、味道鲜美、低脂肪,富含高蛋白及人体必需氨基酸、矿物质、维生素和多糖等营养成分的健康食品。但是,并不是所有的蘑菇都能够食用，特别是在野外发现的陌生蘑菇，很有可能造成中毒。毒蘑菇的危险性大家基本都清楚，但具体哪些蘑菇会引起中毒呢？

民间流传的一些说法是不可信的，更不能把它当作规律去运用。例如：有人说颜色鲜艳，样子好看或菌盖上长疣的有毒；有人说不生蛆、不生虫的有毒；有人说有腥、辣、苦、麻、臭等气味的有毒；有人说受伤后变色的有毒；也有人说烹煮时能使银器、大蒜、米饭等变色的有毒等。事实证明，某一说法对某一种毒菇的鉴定可能是对的，但绝不能作为鉴别所有毒菇的依据。例如：毒伞、白伞等颜色并不鲜艳，样子也不好看，受伤也不变色，也不能使银器和大蒜变黑，然而都含有致命的毒素，50克重的毒菇就可毒死一个成年人。可是香口蘑不生蛆、不生虫，却是一种名贵的食用菌。相反，豹斑毒伞是有名的毒菇，既生蛆也生虫。还有多种牛肝菌，俗称“见手青”，真是一碰就青，但却是风味独特、口感滑润细腻的美味食用菌。因此，要准确地认识毒菇，需要大型真菌的分类学知识，不能一概而论。不认识的野生菇千万不能轻易食用，以免中毒。

要正确地认识毒菇，唯一的方法是从生物学性状着手了解它的外部形态、内部结构及生态习性等，仅用一两句话是难以说明的。某一种方法只能鉴定某一种毒菇，目前国内外还没有一种简单而又有效的方法把所有毒菇检测出来。

收集蘑菇多方面的特征数据采用Apriori算法进行关联分析，希望找出毒蘑菇的相似特征。

使用的蘑菇数据集总样本数为8 124个，其中6 513个样本做训练，1 611个样本做测试。并且，其中可食用的样本有4 208个，占51.8%；有毒的样本为3 916个，占48.2%。每个样本描述了蘑菇的23个属性，比如形状、气味、是否有毒等。

图2-9为部分蘑菇样本的23种特征数据。每一行代表一个蘑菇样本，每一列代表蘑菇的一种特征，例如：第1列表示是否有毒（1—无毒；2—有毒）；第2列表示蘑菇伞的形状（有6种可能的形状，分别用3—8来表示）；第3列表示蘑菇伞表面质感（有4种可能的值，分别用9—12来表示）；其他列以此类推，每个特征的每个取值都用一个唯一的整数来表示。

```
1 3 9 13 23 25 34 36 38 40 52 54 59 63 67 76 85 86 90 93 98 107 113
2 3 9 14 23 26 34 36 39 40 52 55 59 63 67 76 85 86 90 93 99 108 114
2 4 9 15 23 27 34 36 39 41 52 55 59 63 67 76 85 86 90 93 99 108 115
1 3 10 15 23 25 34 36 38 41 52 54 59 63 67 76 85 86 90 93 98 107 113
2 3 9 16 24 28 34 37 39 40 53 54 59 63 67 76 85 86 90 94 99 109 114
2 3 10 14 23 26 34 36 39 41 52 55 59 63 67 76 85 86 90 93 98 108 114
2 4 9 15 23 26 34 36 39 42 52 55 59 63 67 76 85 86 90 93 98 108 115
```

图2-9　蘑菇的23种特征数据

这里只对包含某个特征元素（有毒素）的项集感兴趣，从中寻找毒蘑菇中的一些公共特征，利用这些特征来识别有毒的蘑菇。

如图2-10所示，采用了Apriori算法来获取有毒蘑菇的相似特征，主要包含三个步骤：读取蘑菇数据、执行Apriori算法获得频繁项集、从频繁项集中挖掘出关联规。

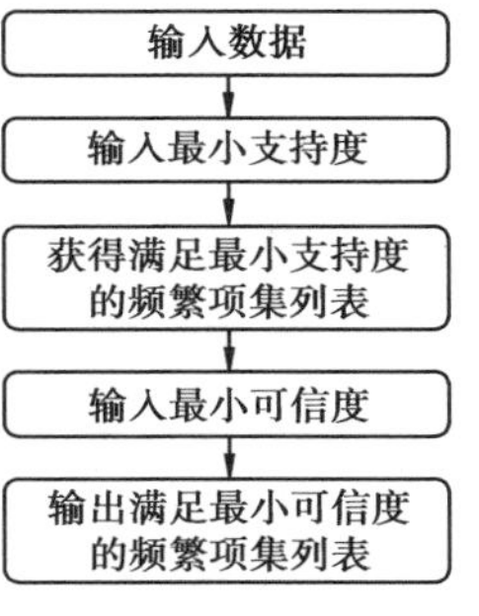

图2-10　Apriori算法流程

输入收集的6 513个样本的6 513×23个数据（事先保存在文件中，程序从文件中读取数据），执行该算法程序。如图2-11所示，程序开始执行，根据提示输入最小支持度（小于等于0.4）和最小可信度，这里输入0.4和0.8，程序将输出毒蘑菇的相似特征关联性。

```
请输入最小支持度(<=0.4)和最小可信度，用空格隔开，回车结束'0.4 0.8'
(frozenset([28]), frozenset([2]), 0.9659863945578231)
(frozenset([28, 85]), frozenset([2]), 0.9659863945578231)
(frozenset([59, 39]), frozenset([2]), 0.9398663697104677)
(frozenset([59, 85, 39]), frozenset([2]), 0.9398663697104677)
```

图2-11　毒蘑菇相似特征

从结果可以看出：具有特征值28（第6列特征）的蘑菇为毒蘑菇的概率为0.9659863945578231；同时具有特征值28和85的蘑菇为毒蘑菇的概率为0.9659863945578231；同时具有特征值59和39的蘑菇为毒蘑菇的概率为0.9398663697104677；同时具有特征值59、85和39的蘑菇为毒蘑菇的概率为0.9398663697104677。

实验四　毒蘑菇的相似特征分析

关于毒蘑菇的相似特征分析程序源代码、样本数据及实验过程可通过扫描二维码查看。

2.5　Web数据挖掘

传统数据挖掘中的数据一般都是结构化的，而Web上的数据更多的是半结构化或非结构化的。半结构化和非结构化的信息用数据模型不能清楚地表示，同时，Web的用户群也表现出多样性。因此，面向Web的数据挖掘比单一数据仓库的数据挖掘要复杂很多。另外，基于Internet的服务飞速发展，企业急需从Internet中分析客户行为，寻找商机，因此Web数据挖掘应运而生。

2.5.1　什么是Web数据挖掘

Web数据挖掘是数据挖掘在Web上的应用，它利用数据挖掘技术从与WWW相关的资源和行为中发现和抽取感兴趣的、有用的模式和隐含信息，是在分析大量数据的基础上，进行归纳性推理，从而预测客户行为，帮助企业的决策者调整市场策略、减少风险并作出正确决策的过程。它涉及Web技术、数据挖掘、计算机语言学、信息学、神经网络、机器学习等多个领域，是一项综合技术。

Web数据具有数据量大、半结构化数据结构、异构数据库环境、数据动态性极强等特点。所以，Web数据挖掘具有以下功能。

①系统提升：包括网站自身的提升和网络性能的提升。网站自身的提升是指根据实际用户的浏览情况，调整网页的链接结构和内容，更好地服务用户。网络性能的提升是指应用缓存技术加快网络信息传输，从proxy的访问信息中分析用户的访问模式，从而预测用户的网页访问，提高Web Caching的性能。

②个性化定制：从用户每次浏览的页面可以发现他的兴趣爱好，根据发现的用户喜好，动态地为用户定制观看的内容或提供浏览建议。

2.5.2 Web数据挖掘的类型及流程

1)Web数据挖掘的类型

Web包括Web页面数据、Web结构数据、Web日志文件三种类型的数据。相应地也可以将Web数据挖掘分为内容挖掘、结构挖掘以及使用挖掘三种类型，如图2-12所示。

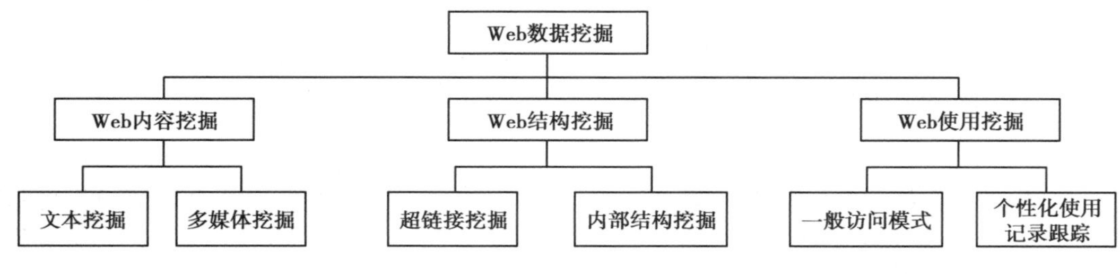

图2-12 Web数据挖掘分类

(1)内容挖掘

内容挖掘又分为：文本数据挖掘和多媒体数据挖掘。文本数据挖掘又称文本挖掘，是对非结构文本进行的Web挖掘，是Web挖掘中重要的技术领域。多媒体数据挖掘是从多媒体数据库中提取多媒体数据关联、隐藏的知识，或者是没有直接存储在多媒体数据库中的其他模式，先进行特征提取，随后利用数据挖掘技术进行进一步挖掘。

(2)结构挖掘

有用的知识不仅包含在Web页面的内容之中,也包含在Web页面的结构之中。Web结构挖掘就是挖掘Web潜在链接结构模式,通过分析页面链接中被链接数量和对象,建立Web自身的链接结构模式。然后对页面进行分类和聚类,找到权威页面。Web结构挖掘是对文档内部结构、Web页面超链接关系、文档URL中的目录结构的挖掘,因此,Web结构挖掘又可以分为内容挖掘、超链接挖掘和URL挖掘。

(3)使用挖掘

当前,许多商务活动都是通过Internet或Web来实现的。服务器方每天都会产生大量的数据,这些数据通常是由服务器自动产生并存放在服务器日志文件中,同时,往往会形成大量用户个人信息。Internet作为一个信息资源是繁杂、异构和庞大的,然而从局部来说,每一个提供信息的服务器都有一个结构化较好的Web访问日志。Web使用挖掘就是运用数据挖掘技术在这些资源中发现使用模式的过程,它面对的是在用户和网络交互的过程中抽取出来的第二手数据。

Web使用挖掘可以分为一般访问模式跟踪和个性化使用记录跟踪。一般的访问模式跟踪通过分析Web访问日志来理解访问模式。个性化使用记录跟踪能分析个人的倾向,根据个人喜好,为每个用户定制具有个人特色的Web站点。

2)Web数据挖掘的流程

与传统数据和数据仓库相比,Web上的信息具有高度异构和半结构化特性,并且是动态的,所以很难直接以Web网页上的数据进行数据挖掘,必须经过必要的数据处理,典型的Web数据挖掘的处理流程,如图2-13所示。

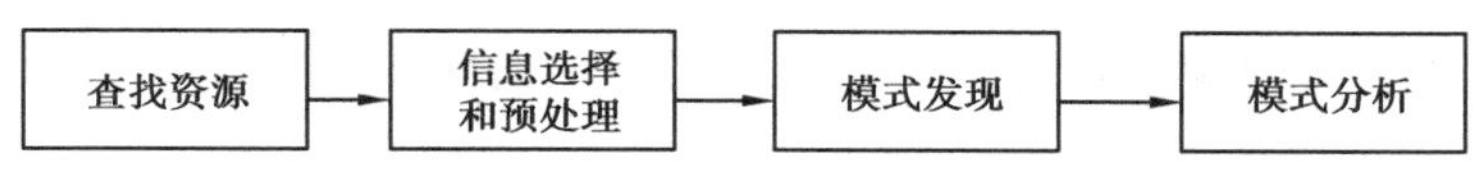

图2-13　Web数据挖掘处理流程

(1)查找资源

该阶段主要任务是从目标Web文档中得到数据,值得注意的是信息资源不仅限于在线Web文档,还包括电子邮件、电子文档、新闻组、网站日志甚至是通过Web形成的交易数据库中的数据。

(2)信息选择和预处理

任务为从取得的Web资源中剔除无用信息,将信息进行必要整理。例如,从Web文档中自动去除广告链接,去除多余格式标记、自动识别段落或者字段,并将数据组织成规整的逻辑形式甚至关系表。

(3)模式发现

对预处理后的数据进行挖掘,自动进行模式发现,从Web站点间发现普遍的模式和规则。

(4)模式分析

对发现的模式进行解释和评估,必要时需返回前面处理中的某些步骤反复提取,最后将发现的知识以能理解的方式提供给用户。可以是机器自动完成,也可以是与分析人员进行交互来完成。

2.5.3 典型Web数据挖掘技术

Web数据挖掘有众多应用,根据不同应用场景可以使用不同的Web数据挖掘技术进行信息挖掘。

1)分类技术

分类技术可以根据捕获的Web访问用户的个人信息或者共同的访问模式,分析出访问某一服务器文件的用户特征。Web数据挖掘中常用的分类技术有:贝叶斯分类和贝叶斯网络、判定树归纳、神经网络、遗传算法、基于案例的推理、粗糙集方法和模糊集方法等。

2)关联规则挖掘技术

关联规则挖掘就是要挖掘出用户在一个访问会话期间从服务器上访问的页面或者文件之间的联系,这些页面之间可能并不存在直接的引用关系。最常用的算法是Apriori算法,它从事务数据库中挖掘出最频繁访问项集,这个集就是关联规则挖掘出来的用户访问模式。

3)时间序列模式技术

时间序列模式挖掘就是要挖掘出交易集之间有时间序列的模式。在网站服务器日志里,用户的访问是以时间段为单位记载的,经过确认数据净化和事件交易得到一个间断的时间序列所反映的用户行为,有助于帮助商家印证其产品所处的生命周期阶段。

4)路径分析技术

用路径分析技术进行Web数据挖掘时,最常用的是图。因为Web可以用一个有向图来表示,$G=(V,E)$,V是页面集合,E是页面之间的超链接集合。页面抽象为图中的顶点,而页面之间的超链接抽象为图中的有向边,顶点V的入边表示对V的引用,出边表示V引用了其他页面。

2.5.4 案例:支付中的交易欺诈侦测

采用网络支付或者刷卡支付时,系统会实时判断这一笔支付行为是否属于盗刷。通过判断支付的时间、地点、商户名称、金额、频率等要素进行判断。这里面基本的原理就是寻找异常值。如果支付被判定为异常,这笔交易可能会被终止。

异常值的判断,应该是基于一个欺诈规则库的。欺诈规则库可能包含两类规则,即事件类规则和模型类规则。第一,事件类规则,例如支付的时间是否异常(凌晨支付)、支付的地点是否异常(非经常所在地支付)、支付的商户是否异常(被列入黑名单的套现商户)、支付金额是否异常(是否偏离正常均值的三倍标准差)、支付频次是否异常(高频密集支付)。第二,模型类规则,则是通过算法判定交易是否属于欺诈。异常值的判断一般通过支付数据、卖家数据、结算数据,构建模型进行分类问题的判断,以侦测支付中可能的交易欺诈。

2.6 本章小结

在浩瀚的数据中挖掘有价值的信息是大数据时代的关键任务之一,本章较全面地介绍了典型的大数据计算分析算法及其应用;较详细地介绍了决策树、K-means、Apriori、线性回归等几种最流行使用的大数据分析算法;阐述了聚类算法思想及过程;介绍了常用回归分析方法及软件、关联规则算法思路、Web数据挖掘技术及应用。通过本章学习,读者能够面对不同大数据问题选取适合有效的方法进行分析处理。

2.7 课后作业

一、简答题

1.简述决策树分类思想。

2. 简述聚类过程及要求。

3. 简述线性回归分析算法。

4. 简述Web数据挖掘的价值及分类。

5. 简述Apriori算法思想。

6. 简述K-means算法思想。

二、分析应用题

1. 分析“啤酒尿布”故事隐含的大数据计算分析算法。

2. 如何侦测支付中的交易欺诈?

3. 用回归分析算法思想解析父母与子女的身高关系预测。

Chapter 3

第3章　大数据离线计算分析技术

- 了解常用大数据离线计算模型
- 掌握MapReduce计算模型
- 了解典型交互式计算模式
- 掌握Hive、HBase及Spark SQL常用查询计算

本章重点：

- MapReduce计算模型
- Hive交互式查询计算
- Spark SQL交互式查询计算
- HBase开源数据库

离线计算就是在计算开始前已知所有输入数据,输入数据不会产生变化,且在解决一个问题后,要立即得出结果的前提下进行的计算,与离线计算对应的则是实时计算。

离线计算多用于模型的训练和数据的预处理,最经典的就是Hadoop的MapReduce计算模型。而实时计算是要求立即返回计算结果的快速响应请求,多用于简单的累加计算和基于训练好的模型进行分类等操作。

离线计算具有以下特点:

①数据量巨大且保存时间长;

②在大量数据上进行复杂的批量运算;

③数据在计算之前已经完全到位,不会发生变化;

④能够方便地查询批量计算的结果。

3.1 MapReduce计算模型

MapReduce最早是由Google公司研究提出的一种面向大规模数据处理的并行计算模型和方法。Google公司设计MapReduce的初衷主要是解决其搜索引擎中大规模网页数据的并行化处理。Google公司发明了MapReduce之后,首先用其重新改写了Google搜索引擎中的Web文档索引处理系统。但由于MapReduce可以普遍应用于很多大规模数据的计算问题,因此自发明MapReduce以后,Google公司内部进一步将其广泛应用于大规模数据处理问题。Google公司内有上万个各种不同的算法问题和程序都使用MapReduce进行处理。

MapReduce是面向大数据并行处理的计算模型、框架和平台,它隐含了以下三层含义:

①MapReduce是一个基于集群的高性能并行计算平台(Cluster Infrastructure)。它允许用市场上普通的商用服务器构成一个包含数十、数百至数千个节点的分布和并行计算集群。

②MapReduce是一个并行计算软件框架(Software Framework)。它提供了一个庞大但设计精良的并行计算软件框架,能自动完成计算任务的并行化处理,自动划分计算数据和计算任务,在集群节点上自动分配和执行任务以及收集计算结果,将数据分布存储、数据通信、容错处理等并行计算涉及的很多系统底层的复杂细节交由系统负责处理,大大减轻了软件开发人员的负担。

③MapReduce是一个并行程序设计模型与方法(Programming Model & Methodology)。它借助于函数式程序设计语言Lisp的设计思想,提供了一种简便的

并行程序设计方法，用Map和Reduce两个函数编程实现基本的并行计算任务，提供了抽象的操作和并行编程接口，以简单方便地完成大规模数据的编程和计算处理。

由此可见，MapReduce是Google的一项重要技术，它是一个编程模型，用以进行大数据量的计算。对于大数据量的计算，通常采用的处理手法就是并行计算。但对许多开发者来说，自己要完全实现一个并行计算程序难度太大，而MapReduce就是一种简化并行计算的编程模型，它使得那些没有多少并行计算经验的开发人员也可以开发并行应用程序。这就是MapReduce的价值所在，通过简化编程模型，降低了开发并行应用的入门门槛。

3.1.1　并行计算

并行计算(Parallel Computing)或称平行计算是相对于串行计算来说的。所谓并行计算可分为时间上的并行和空间上的并行。时间上的并行计算就是采用流水线技术将作业分解为不同岗位任务并行执行。空间上的并行是指多个处理机并发的执行计算，即通过网络将两个以上的处理机连接起来，达到同时计算同一个任务的不同部分，解决单个处理机无法解决的大型问题。

并行计算是指同时使用多种计算资源解决计算问题的过程，是提高计算机系统计算速度和处理能力的一种有效手段。它的基本思想是用多个处理器来协同求解同一问题，即将被求解的问题分解成若干个部分，各部分均由一个独立的处理机来并行计算。并行计算系统既可以是专门设计的、含有多个处理器的超级计算机，也可以是以某种方式互连的若干台的独立计算机构成的集群。集群通过并行计算完成数据处理，再将处理的结果返回给用户。

为执行并行计算，计算资源包括一台配有多处理机(并行处理)的计算机或任意数量的被连接在一起的计算机。并行计算的主要目的是快速解决大型且复杂的计算问题。并行计算具备以下3个基本条件。

(1)并行计算机

并行计算机至少包含两台处理机，这些处理机通过互联网络相互连接，相互通信。

(2)应用问题必须具有并行度

也就是说，应用可以分解为多个子任务，这些子任务可以并行地执行。将一个应用分解为多个子任务的过程，称为并行算法的设计。

(3)并行编程

在并行计算机提供的并行编程环境上,用户具体实现并行算法,编制并行程序并运行该程序,从而达到并行求解应用问题的目的。

利用并行计算来解决的问题通常具有以下3个特点:

①能够被分解成并发执行离散片段;

②不同的离散片段能够在任意时刻执行;

③采用多个计算资源的耗时要少于采用单个计算资源下的耗时。

并行计算具有以下优势:

①节约时间和成本;

②解决更大规模、更复杂的问题;

③提供并发性;

④可以利用非局部的资源;

⑤更好地利用并行硬件。

分布式系统以及多处理器计算机架构技术的日益完善,为并行计算的实现奠定了软硬件基础,并行计算已经成为解决大型复杂问题的首选策略。

3.1.2 分布式计算

分布式计算主要研究分散系统如何进行计算。分散系统是一组计算机,通过计算机网络相互链接与通信后形成的系统。分布式计算就是把需要进行大量计算的工程数据分区成小块,由多台计算机分别计算,再上传运算结果,然后将结果统一合并得出数据结论的计算模式。

常见的分布式计算项目通常是采用世界各地上千万志愿者计算机的闲置计算能力,通过互联网进行数据传输。如分析计算蛋白质的内部结构和相关药物的Folding@home项目,该项目结构庞大,需要惊人的计算量,由一台计算机计算是不可能完成的。

分布式计算比起其他算法具有以下几个优点:

①稀有资源可以共享;

②通过分布式计算可以在多台计算机上平衡计算负载;

③可以把程序放在最适合运行它的计算机上。

其中,共享稀有资源和平衡负载是计算机分布式计算的核心思想之一。

分布式计算与并行计算都是运用并行来获得更高性能,化大任务为小任务。简单说来,如果处理单元共享内存,就称为并行计算,反之就是分布式计算。分布式计算中,被分解后的小任务互相之间有独立性,节点之间的结果几乎不互相影响,实时性要求不高。而并行计算则倾向于一些海量数据进行分析处理的场合,每个节点的每一个任务块都是必要的,计算的结果相互影响,要求每个节点的计算结果要绝对正确,并且在时间上做到同步。举例来说,像MD5破解,就比较适合使用大规模的分布式计算来穷举,但对于通过海量日志数据处理来分析用户行为就比较适合并行计算处理。分布式计算会是一个比较松散的结构,并行计算则是各节点之间通过高速网络或其他总线相互连接。因此并行计算一般在企业内部进行,而分布式计算可能会跨越局域网,或者直接部署在互联网上,节点之间几乎不互相通信。很多公益性的项目,就是使用分布式计算的方式在互联网上实现,比如以寻找外星人为目的的SETI项目。

也就是说,分布式计算是研究如何把一个需要巨大的计算能力才能解决的问题,分成许多小的部分,然后把这些部分分配给许多计算机进行处理,最后把这些计算结果综合起来得到最终的结果。具体的过程是:将需要进行大量计算的项目数据分割成小块,由多台计算机分别计算,再上传运算结果后统一合并得出数据结论。

一般来说,并行计算是一台计算机,配备有多处理机,多处理机之间进行合同协作计算,最终结果由一台计算机处理。分布式计算是多台联网的计算机,有各自的主机和处理器,通过网络分配共享计算任务和计算信息。

3.1.3　MapReduce计算框架

MapReduce是Hadoop解决大规模数据分布式计算方案,既是一个编程模型,又是一个计算框架。开发人员必须基于MapReduce编程模型进行编程开发,然后将程序通过MapReduce计算框架分发到Hadoop集群中运行。也就是说,基于MapReduce框架编写的应用程序能够运行在由上千个商用机器组成的大集群上,并以一种可靠的、具有容错能力的方式并行处理上TB级别的海量数据集。

1)MapReduce编程模型

MapReduce是一种简单又非常强大的编程模型。简单在于其编程模型只包含Map和Reduce两个过程;强大在于不管是关系代数运算(SQL计算),还是矩阵运算(图计算),大数据领域几乎所有的计算需求都可以通过MapReduce编程来实现。

MapReduce分为Map和Reduce两个过程。Map的主要输入是一组<key1, value1>键值对,经过Map计算后输出一对<key2, value2>键值对,然后将相同key2合并,形成<key2, value集合>,再将这个<key2, value集合>输入Reduce,经过计算输出零个或多个<key3, value3>键值对。从Map过程可以看出,MapReduce只适合线性可并行的计算任务,子任务之间不能有依赖关系,只有这样的计算任务,才能进行拆分,然后通过Map并行计算，最终通过Reduce进行结果的叠加。MapReduce编程过程与食物汉堡的制作过程非常类似，其核心思想是：分而治之。Map过程是一个分片处理过程，就是将制作汉堡需要的食材进行分别加工处理的过程，可以并行加工面包片、黄瓜、青椒、西红柿等原始食材，形成汉堡所需的半成品食材。Reduce过程就是聚合的过程，把Map阶段加工好的半成品食材进行汇合处理，最后形成汉堡成品的过程，如图3-1所示。

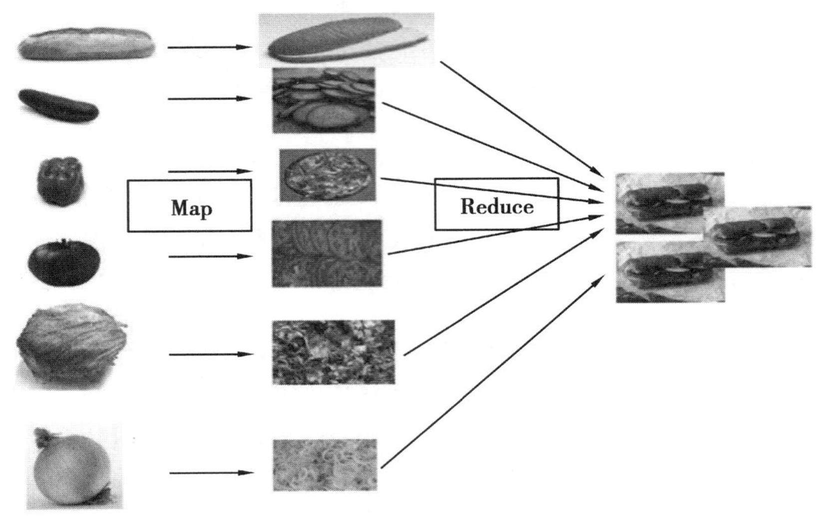

图3-1　MapReduce过程与汉堡制作类比图

假如有10 000张钞票，其中面值有1元、5元、10元、20元、50元和100元不等，共6种面值，这时需要计算出这10 000张钞票一共有多少钱，请问如何计算？

最直接的做法就是一张一张地数，然后相加，但是这样只能由一个人来操作，因此效率是非常低下的。比较好的做法就是先划分6个区域，每个区域块分别存放不同面值的钞票，分完块之后再计算出每堆钞票的数量，最后汇总相加得出结果，这样的做法最大的好处就是可以多人分工处理。而MapReduce正是采取的这种方式，先进入Map阶段，也就是先分片。假设把10 000张钞票一共分出5个进程来处理Map阶段的数据，那么就是每个进程处理2 000张钞票，处理完后，每个进程都会得出6个区域块。这时将这5个进程的区域块合并，就会得出总的6个区域块。然后进入Reduce阶段，Reduce也会采取多进程模式，假设分出6个进程来处理Reduce阶段的数据。每个进程处理一个区域块，这时就会得到6个区域块的结果，也就是6个面值的钞票分别有多少，最后将其汇总，得出结果。

从上面两个例子可以看出，MapReduce编程模型的核心就是Mapper和Reducer。

Mapper负责“分”，即把复杂的任务分解为若干个“简单的任务”来处理。“简单的任务”包含三层含义：一是数据或计算的规模相对于原任务要大大缩小。二是就近计算原则，即任务会分配到存放着所需数据的节点上进行计算。三是这些小任务可以并行计算，彼此间几乎没有依赖关系。

Reducer负责对Map阶段的结果进行汇总。至于需要多少个Reducer，用户可以根据具体问题进行设置，缺省值为1。

如果采用MapReduce思想来统计图书馆中的藏书量，那就是，你数1号书架，我数2号书架……这就是“Mapper”。参与人越多，统计就更快。把所有人的统计数加在一起，这就是“Reducer”。

MapReduce就是以这样一种可靠且容错的方式对大规模集群海量数据进行数据处理、数据挖掘、机器学习等方面的操作。

2)MapReduce计算框架

MapReduce框架是Hadoop平台根据MapReduce编程模型实现的计算框架，目前已经实现了两个版本：MapReduce 1.0和基于YARN结构的MapReduce 2.0。尽管MapReduce 1.0中存在一些问题，但是整体架构比较清晰，更适合初学者理解MapReduce的核心概念。

MapReduce 1.0的架构如图3-2所示，由JobClient（客户端）、JobTracker（作业跟踪器）、TaskTracker（任务跟踪器）和Task（任务）组成。

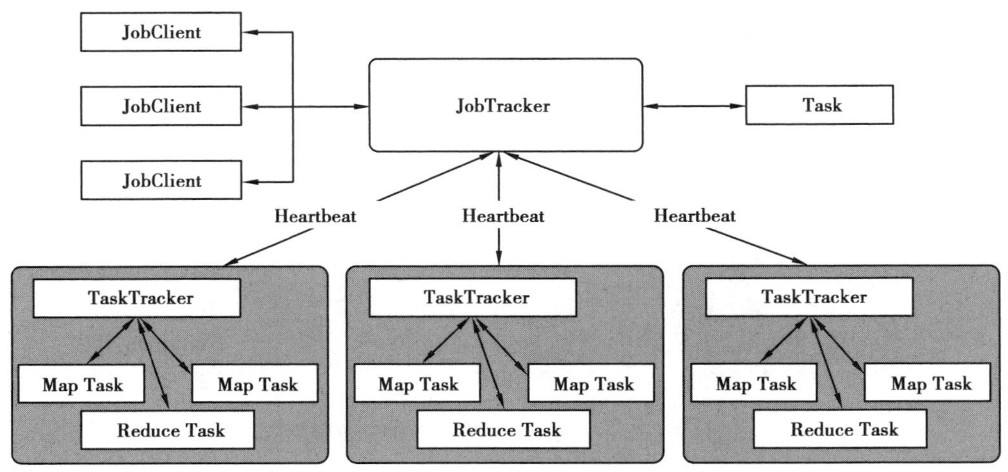

图3-2 MapReduce 1 .0架构

(1)JobClient

用户编写的MapReduce程序通过JobClient提交给JobTracker。

(2)JobTracker

JobTracker主要负责资源监控和作业调度,并且监控所有TaskTracker与作业的健康情况,一旦有失败情况发生,就会将相应的任务分配到其他结点上去执行。

(3)TaskTracker

TaskTraker会周期性地将本结点的资源使用情况和任务进度汇报给JobTracker,与此同时会接收JobTracker发送过来的命令并执行操作。

(4)Task

Task分为Map Task和Reduce Task两种,由TaskTracker启动,分别执行Map和Reduce任务。一般来讲,每个结点可以运行多个Map和Reduce任务。

MapReduce设计的一个核心理念就是“计算向数据靠拢”,而不是传统计算模式的“数据向计算靠拢”。这是因为移动大量数据需要的网络传输开销太大,同时也大大降低了数据处理的效率。所以,Hadoop的MapReduce框架和HDFS是运行在一组相同的结点上的。这种配置允许框架在那些已经存好数据的结点上高效地调度任务,这可以使整个集群的网络带宽被非常高效地利用,从而减少了结点间数据的移动。

如图3-3所示,Hadoop MapReduce框架由一个单独的JobTracker和每个集群结点都有的一个TaskTracker共同组成。JobTracker负责调度构成一个作业的所有任务,这些任务分布在不同的TaskTracker上,JobTracker监控它们的执行,并重新执行已经失败的任务。TaskTracker仅负责执行由JobTracker指派的任务。

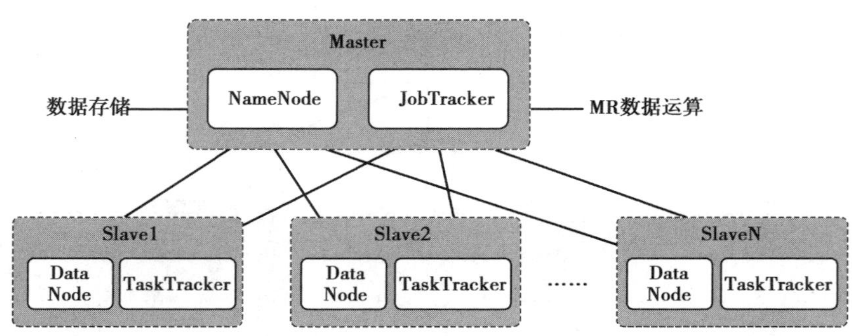

图3-3 Hadoop的MapReduce与HDFS集群架构

应用程序需要指定I/O的路径,并通过实现合适的接口或抽象类提供Map和Reduce函数,再加上其他作业参数,就构成了作业配置(Job Configuration)。

Hadoop的Client提交作业(如Jar包、可执行程序等)和配置信息给JobTracker,JobTracker负责分发这些作业和配置信息给TaskTracker,调度任务并监控它们的执行,同时提供状态和诊断信息给JobClient。

3.1.4 MapReduce键值对和输入输出

MapReduce框架运转在<key,value>键值对上，也就是说，框架把作业的输入看成一组<key,value>键值对，同样也产生一组<key,value>键值对作为作业的输出，这两组键值对有可能是不同的。

MapReduce程序是通过键值对来操作数据的，其单个输入输出形式如下：

```
map: <K1,V1> → list<K2,V2>
reduce: <K2,list(V2)> →  < K3,K3>
```

一个MapReduce作业的输入和输出类型如图3-4所示。可以看出在整个流程中，会有三组<key,value>键值对类型的存在。

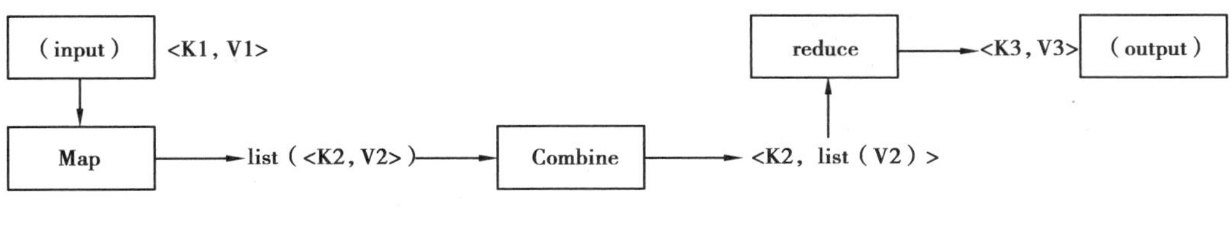

图3-4 MapReduce键值对

3.1.5 MapReduce工作流程

MapReduce就是将输入进行分片，交给不同的Map任务进行处理，然后由Reduce任务合并成最终的解。

MapReduce的实际处理过程可以分解为Input、Map、Sort、Combine、Partition、Reduce、Output等阶段，具体的工作流程如图3-5所示。

图3-5为找每个文件块中每个字母出现的次数。其中，Key表示字母，Value表示该字母出现的次数。在图3-5中，用4个Mapper来处理输入的文件块，分别得到了各自的统计键值对<K1,V1>，对于同一个Mapper可能同一字母在不同键值对中出现，通过Combiner将同一个Mapper产生的键值对进行合并，保证同一字母出现在一个键值对中。再通过Partitioner将所有键值对按照字母合并在一起产生list(<K2,V2>，用Reducer来对list(<K2,V2>进行统计(这里用了3个Reducer)，产生最终结果键值对<K3,V3>。

在Input阶段，框架根据数据的存储位置，把数据分成多个分片(Splik)，在多个结点上并行处理。Map任务通常运行在数据存储的结点上，也就是说，框架是根据数据分片的位置来启动Map任务的，而不是把数据传输到Map任务的位置上。这样，计算和数据就在同一个结点上，从而不需要额外的数据传输开销。

在Map阶段，框架调用Map函数对输入的每一个<key,value>进行处理，也就是完成Map:<K1,V1>→list(<K2,V2>)的映射操作。

在Sort阶段，当Map任务结束以后，会生成许多<K2,V2>形式的中间结果，框架会对这些中间结果按照键进行排序。图3-5就是按照字母顺序进行排序的。

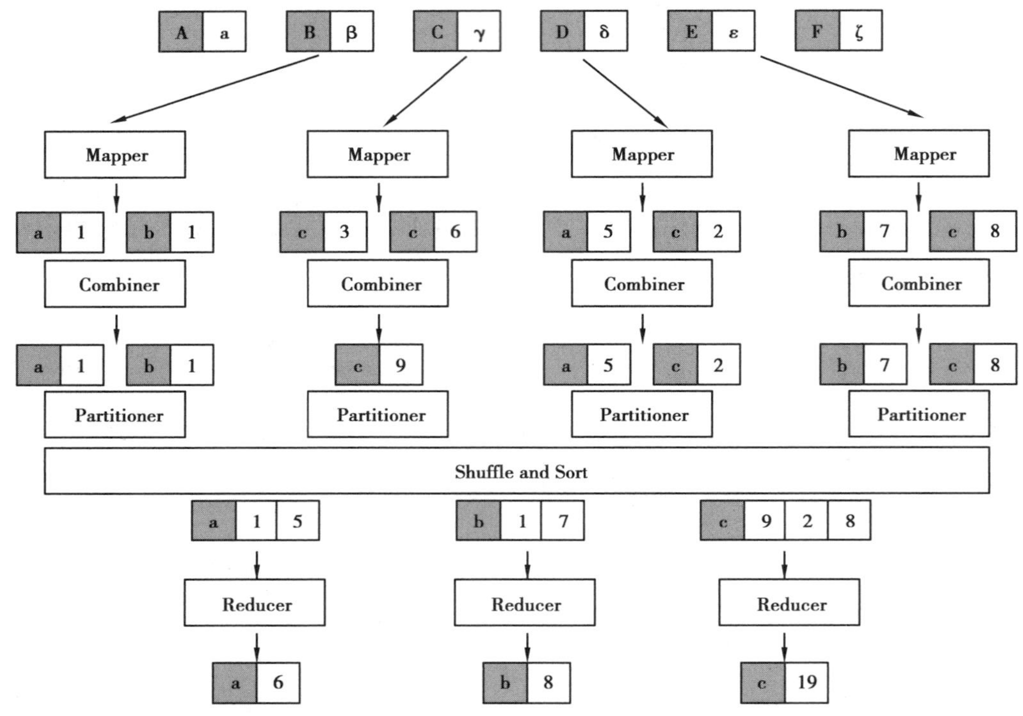

图3-5　MapReduce工作流程

在Combine阶段，框架对于在Sort阶段排序之后有相同键的中间结果进行合并。合并所使用的函数可以由用户进行定义。就是把K2相同(也就是同一个字母)的V2值相加的。这样，在每一个Map任务的中间结果中，每一个字母只会出现一次。

在Partition阶段，框架将Combine后的中间结果按照键的取值范围划分为R份，分别发给R个运行Reduce任务的结点并行执行。分发的原则是，必须保证同一个键的所有数据项发送给同一个Reduce任务，尽量保证每个Reduce任务所处理的数据量基本相同。框架把字母a、b、c的键值对分别发给了3个Reduce任务。框架默认使用Hash函数进行分发，用户也可以提供自己的分发函数。

在Reduce阶段，每个Reduce任务对Map函数处理的结果按照用户定义的Reduce函数进行汇总计算，从而得到最后的结果。在图3-5中，Reduce计算每个字母在整个文件中出现的次数。只有当所有Map处理过程全部结束以后Reduce过程才能开始。

在Output阶段，框架把Reduce处理的结果按照用户指定的输出数据格式写入HDFS中。

在MapReduce的整个处理过程中，不同的Map任务之间不会进行任何通信，不同的Reduce任务之间也不会发生任何信息交换。用户不能够显式地从一个结点向另一个结点发送消息，所有的信息交换都是通过MapReduce框架实现的。

MapReduce计算框架实现数据处理时，应用程序开发者只需要负责Map函数和Reduce函数的实现。MapReduce计算框架之所以得到如此广泛的应用，就是因为应用开发者不需要处理分布式和并行编程中的各种复杂问题。如分布式存储、分布式通信、任务调度、容错处理、负载均衡、数据可靠等，这些问题都由Hadoop MapReduce框架负责处理，应用开发者只需要负责完成Map函数与Reduce函数的实现。

3.1.6　MapReduce应用编程

单词计数是最简单也是最能体现MapReduce思想的程序之一，可称为MapReduce版"Hello World"。单词计数的主要功能是统计一系列文本文件中每个单词出现的次数。通过单词计数实例来阐述采用MapReduce解决实际问题的基本思路和具体实现过程。

1)设计思路

首先，检查单词计数是否可以使用MapReduce进行处理。因为在单词计数程序任务中，不同单词出现的次数之间不存在相关性，是相互独立的，所以，可以把不同的单词分发给不同的机器进行并行处理。因此，可以采用MapReduce来实现单词计数的统计任务。

其次，确定MapReduce程序的设计思路。把文件内容分解成许多个单词，然后把所有相同的单词聚集到一起，计算出每个单词的出现次数。

最后，确定MapReduce程序的执行过程。把一个大的文件切分成许多个分片，将每个分片输入到不同结点上形成不同的Map任务。每个Map任务分别负责完成从不同的文件块中解析出所有的单词。

Map函数的输入采用<key,value>方式，用文件的行号作为key，文件的一行作为value。Map函数的输出以单词作为key，1作为value，即<单词，1>表示该单词出现了1次。

Map阶段结束以后，会输出许多<单词，1>形式的中间结果，然后Sort会把这些中间结果进行排序，并把同一单词的出现次数合并成一个列表，得到<key，list(value)>形式。例如，<Hello，<1，1，1，1，1>>就表明Hello单词在5个地方出现过。

如果使用Combine，那么Combine会把每个单词的list(value)值进行合并，得到<key，value>形式，例如，<Hello，5>表明Hello单词出现过5次。

在 Partition 阶段，框架会把 Combine 的结果分发给不同的 Reduce 任务。Reduce 任务接收到所有分配给自己的中间结果以后，就开始执行汇总计算工作，计算得到每个单词出现的次数并把结果输入到 HDFS 中。

2)处理过程

下面通过一个实例对单词计数进行更详细的讲解。

第一步　将文件拆分成多个分片。

该实例把文件拆分成两个分片，每个分片包含两行内容。在该作业中，有两个执行 Map 任务的结点和一个执行 Reduce 任务的结点。每个分片分配给一个 Map 结点，并将文件按行分割形成<key，value>对，如图 3-6 所示。这一步由 MapReduce 框架自动完成，其中 key 的值为行号。

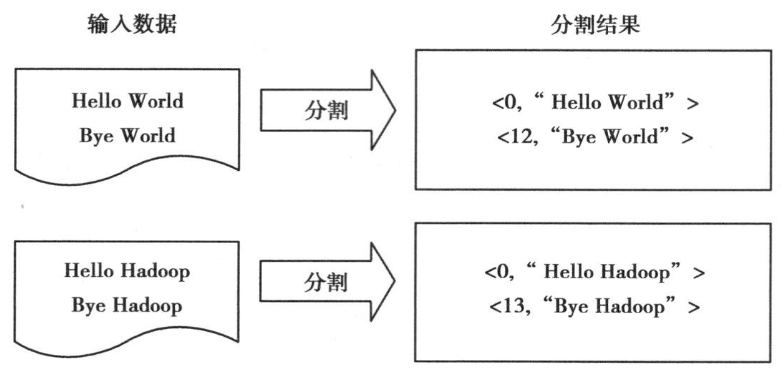

图3-6　分割过程

第二步　将分割好的<key，value>对交给用户定义的 Map 函数进行处理，生成新的<key，value>对，如图 3-7 所示。

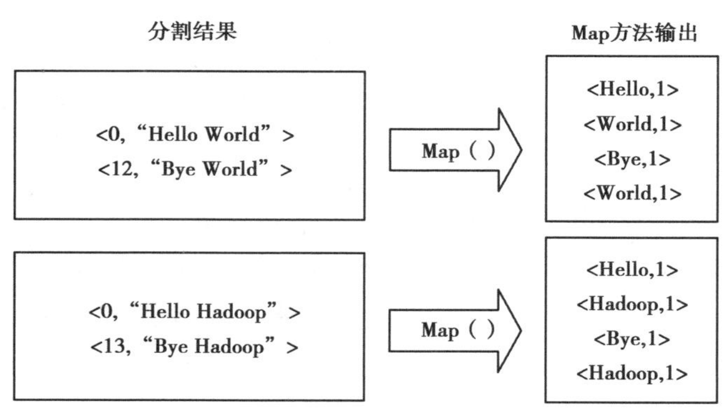

图3-7　执行Map函数

第三步　在实际应用中，每个输入分片在经过 Map 函数分解以后都会生成大量类似<Hello,1>的中间结果，为了减少网络传输开销，框架会把Map方法输出的<key,value>对按照key值进行排序，并执行Combine过程，将key值相同的value值累加，得到Map的最终输出结果，如图3-8所示。

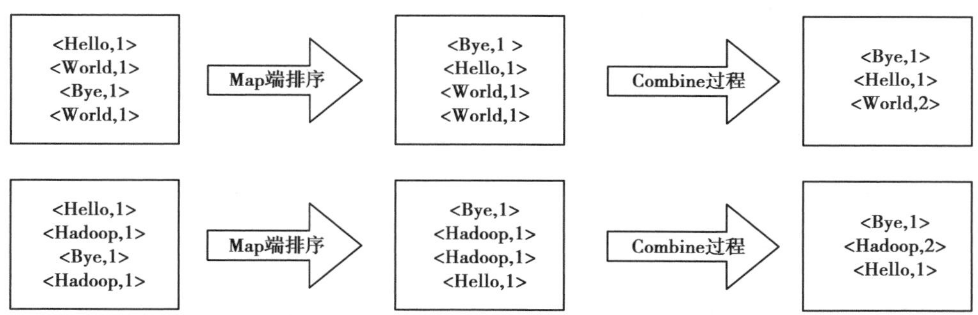

图3-8　Map端排序及Combine过程

第四步　Reduce先对从Map端接收的数据进行排序，再交由用户自定义的Reduce方法进行处理，得到新的<key,value>对，并作为结果输出，如图3-9所示。

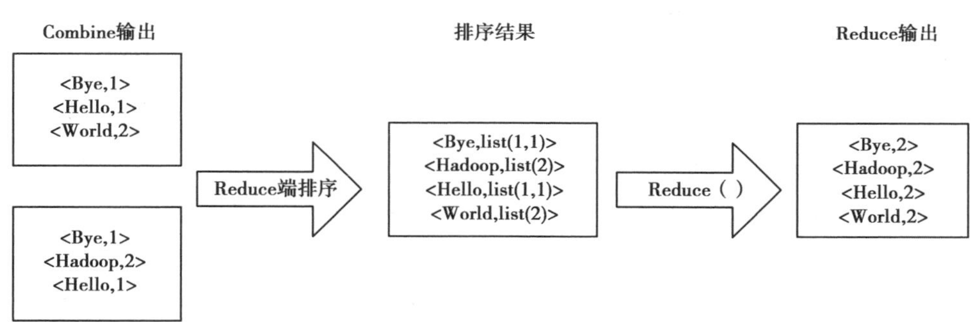

图3-9　Reduce端排序及输出结果

3)程序实现

通过前面的分析，已经清楚了单词计数程序的设计思路和处理过程，接下来介绍如何编写基本的MapReduce程序实现单词计数。

第一步　任务准备。

单词计数（Word Count）的任务是对一组输入文档中的单词进行分别计数。假设文件的量比较大，每个文档又包含大量的单词，则无法使用传统的线性程序进行处理，而这类问题正是MapReduce可以发挥优势的地方。

首先，在本地创建3个文件：file00l、file002和file003，文件的具体内容见表3-1。

表3-1　单词计数输入文件

文件名	文件内容
file00l	Hello world Hello Hadoop
file002	My world My dream
file003	Hello Map Hello Reduce

再使用HDFS命令创建一个input文件目录。

```
hadoop fs -mkdir input
```

然后，把file001、file002和file003上传到HDFS中的input目录下。

```
hadoop fs -put file001 input
hadoop fs -put file002 input
hadoop fs -put file003 input
```

编写MapReduce程序的第一个任务就是编写Map程序。在单词计数任务中，Map需要完成的任务就是把输入的文本数据按单词进行拆分，然后以特定的键值对的形式进行输出。

第二步　编写Map程序。

Hadoop MapReduce框架已经在类Mapper中实现了Map任务的基本功能。为了实现Map任务，开发者只需要继承类Mapper，并实现该类的Map函数。

为实现单词计数的Map任务，首先为类Mapper设定好输入类型和输出类型。这里，Map函数的输入是<key，value>形式，其中，key是输入文件中一行的行号，value是该行号对应的一行内容。所以，Map函数的输入类型为<LongWritable，Text>。Map函数的功能为完成文本分割工作，Map函数的输出也是<key，value>形式，其中，key是单词，value为该单词出现的次数。所以，Map函数的输出类型为<Text，LongWritable>。

以下是单词计数程序的Map任务的实现代码。

```
public static class CoreMapper extends Mapper<Object,Text,Text,IntWritable> {
    private static final IntWritable one = new IntWritable(1);
    private static Text label = new Text();
    public void map(Object key, Text value, Mapper<Object, Text, Text, IntWritable>
    Context context)throws IOException,InterruptedException {
        StringTokenizer tokenizer = new StringTokenizer(value.toString());
        while(tokenizer.hasMoreTokens()){
```

```
                label.set(tokenizer.nextToken());
                context.write(label,one);
            }
        }
}
```

在上述代码中，实现Map任务的类为CoreMapper。该类将需要输出的两个变量one和label进行初始化。变量one的初始值直接设置为1，表示某个单词在文本中出现过。

Map函数的前两个参数是函数的输入参数，value为Text类型，是指每次读入文本的一行，key为Object类型，是指输入的行数据在文本中的行号。首先，StringTokenizer类机器方法将value变量中文本的一行文字进行拆分，拆分后的单词放在tokenizer列表中。然后，程序通过循环对每一个单词进行处理，把单词放在label中，把one作为单词计数。在函数的整个执行过程中，one的值一直是1。在该实例中，key没有被明显地使用到。context是Map函数的一种输出方式，通过使用该变量，可以直接将中间结果存储在其中。

Map任务执行后，3个文件的输出结果见表3-2。

表3-2　单词计数Map任务输出结果

文件名/Map	Map任务输出结果
file001/Map1	<“Hello”，1> <“world”，1> <“Hello”，1> <“Hadoop”，1>
file002/Map2	<“My”，1> <“world”，1> <“My”，1> <“dream”，1>
file003/Map3	<“Hello”，1> <“Map”，1> <“Hello”，1> <“Reduce”，1>

第三步　编写Reduce程序。

编写MapReduce程序的第二个任务就是编写Reduce程序。在单词计数任务中，Reduce需要完成的任务就是把输入结果中的数字序列进行求和，从而得到每个单词的出现次数。

在执行完Map函数之后，会进入Map端的合并阶段，在这个阶段中，MapReduce框架会自动将Map阶段的输出结果进行排序和分区，然后再分发给相应的Reduce任务去处理。经过Map端合并阶段后的输出结果见表3-3。

表3-3　单词计数Map端合并输出结果

文件名/Map	Map端合并输出结果
file00l/Map1	<“Hello”,<1,1>> <“world”,1> <“Hadoop”,1>
file002/Map2	<“My”,<1,1>> <“world”,1> <“dream”,1>
file003/Map3	<“Hello”,<1,1>> <“Map”,1> <“Reduce”,1>

Reduce端接收各个Map端发来的数据后，会进行合并，即把同一个key，也就是同一单词的键值对进行合并，形成<key, <V1, V2, ...Vn>>形式的输出。经过Reduce端合并后的输出结果见表3-4。

表3-4　单词计数Reduce端合并输出结果

Reduce端	Reduce端合并输出结果
file00l/file002/file003	<“Hello”,<1,1,1,1>> <“world”,<1,1>> <“Hadoop”,1> <“My”,<1,1>> <“dream”,1> <“Map”,1> <“Reduce”,1>

Reduce阶段需要对上述数据进行处理，从而得到每个单词的出现次数。从Reduce函数的输入已经可以理解Reduce函数需要完成的工作，就是对输入数据value中的数字序列进行求和。以下是单词计数程序的Reduce任务的实现代码。

```
public static class CoreReducer extends Reducer<Text,IntWritable,Text,IntWritable> {
    private IntWritable count = new IntWritable ();
    public void reduce(Text key,Iterable<IntWritable> values,Reducer<Text,IntWritable,
```

```
    Text,IntWritable> Context context)throws IOException, InterruptedException {
        int sum = 0;
        for (IntWritable intWritable : values){
            sum += intWritable.get();
        }
        count.set(sum);
        context.write(key, count);
    }
}
```

与Map任务实现相似，Reduce任务也是继承Hadoop提供的类Reducer并实现其接口。Reduce函数的输入、输出类型与Map函数的输出类型本质上是相同的。在Reduce函数的开始部分，首先设置sum参数用来记录每个单词的出现次数，然后遍历value列表，并对其中的数字进行累加，最终就可以得到每个单词总的出现次数。在输出的时候，仍然使用context类型的变量存储信息。当Reduce阶段结束时，就可以得到最终需要的结果（表3-5）。

表3-5　单词计数Reduce任务输出结果

Reduce端	Reduce任务输出结果
file001/file002/file003	<"Hello",4> <"world",2> <"Hadoop",1> <"My",2> <"dream",1> <"Map",1> <"Reduce",1>

第四步　编写main函数。

为了使用CoreMapper和CoreReducer类进行真正的数据处理，还需要在main函数中通过Job类设置Hadoop MapReduce程序运行时的环境变量，以下是具体代码。

```
public static void main(String[] args)throws Exception {
    Configuration conf = new Configuration();
    String[] otherArgs = new GenericOptionsParser(conf,args).getRemainingArgs();
    if (otherArgs.length != 2){
        System.err.println("Usage:wordcount <in> <out>");
        System.exit(2);
    }
    Job job = new Job (conf, "WordCount"); //设置环境参数
```

```
        job.setJarByClass (WordCount.class); //设置程序的类名
        job.setMapperClass(CoreMapper.class); //添加 Mapper 类
        job.setReducerClass(CoreReducer.class); //添加 Reducer 类
        job.setOutputKeyClass (Text.class); //设置输出 key 的类型
        job.setOutputValueClass (IntWritable.class); //设置输出 value 的类型
        FileInputFormat.addInputPath (job, new Path (otherArgs [0])); //设置输入文件路径
        FileOutputFormat.setOutputPath (job, new Path (otherArgs [1])); //设置输出文件路径
        System.exit(job.waitForCompletion(true)? 0 : 1);
    }
```

代码首先检查参数是否正确，如果不正确就提醒用户。随后，通过Job类设置环境参数，并设置程序的类、Mapper类和Reducer类。然后，设置程序的输出类型，也就是Reduce函数的输出结果<key，value>中key和value各自的类型。最后，根据程序运行时的参数，设置输入、输出文件路径。

第五步 运行程序。

在运行代码前，需要把当前工作目录设置为/user/local/Hadoop。编译WordCount程序需要以下3个jar，为了简便起见，把这3个jar添加到CLASSPATH中。

```
$export
CLASSPATH=/usr/local/hadoop/share/hadoop/common/hadoop-common-2.7.3.jar:
$CLASSPATH
$export
CLASSPATH=/usr/local/hadoop/share/hadoop/mapreduce/hadoop-mapreduce-2.7.3.jar:
$CLASSPATH
$export
CLASSPATH=/usr/local/hadoop/share/hadoop/common/lib/common-cli-1.2.jar:
$CLASSPATH
```

使用JDK包中的工具对代码进行编译。

```
$ javac WordCount.java
```

编译之后，在文件目录下可以发现有3个".class"文件，这是Java的可执行文件，将它们打包并命名为wordcount.jar。

```
$ jar -cvf wordcount.jar *.class
```

这样就得到了单词计数程序的jar包。在运行程序之前，需要启动Hadoop系统，包括启动HDFS和MapReduce。然后，就可以运行程序了。

```
$ ./bin/Hadoop jar wordcount.jar WordCount input output
```

最后，可以运行下面的命令，查看结果。

```
$ ./bin/Hadoop fs -cat output/*
```

4)核心代码包

编写MapReduce程序需要引用Hadoop的以下几个核心组件包,它们实现了Hadoop MapReduce框架。

```
import java.io.IOException;
import java.util.StringTokenizer;
import org.apache.hadoop.conf.Configuration;
import org.apache.hadoop.fs.Path;
import org.apache.hadoop.io.IntWritable;
import org.apache.hadoop.io.Text;
import org.apache.hadoop.mapreduce.Job;
import org.apache.hadoop.mapreduce.Mapper;
import org.apache.hadoop.mapreduce.Reducer;
import org.apache.hadoop.mapreduce.lib.input.FileInputFormat;
import org.apache.hadoop.mapreduce.lib.output.FileOutputFormat;
import org.apache.hadoop.util.GenericOptionsParser;
```

这些核心组件包的基本功能描述见表3-6。

表3-6　Hadoop MapReduce核心组件包的基本功能

包	功能
org.apache.hadoop.conf	定义了系统参数的配置文件处理方法
org.apache.hadoop.fs	定义了抽象的文件系统
APIorg.apache.hadoop.mapreduceHadoop	MapReduce框架的实现,包括任务的分发调度等
org.apache.hadoop.io	定义了通用的I/O API,用于网络、数据库和文件数据对象进行读写操作

3.2　交互式计算模式

虽然用MapReduce来实现一个简单的单词统计是经典案例,但实现起来还是比较复杂的,不过使用这个案例可以让初学者非常容易理解MapReduce编程模型及设计思想。在实际处理像单词计数这样的数据处理任务中,使用Hadoop的数据仓库工具(如Hive)将更加简单方便,不需要编写任何程序,只需要通过相应的类SQL语言交互数据处理就可以实现。

3.2.1 交互式数据处理

交互式数据处理是操作人员和系统之间存在交互作用的信息处理方式，操作人员通过终端设备输入信息和操作命令，系统接到后立即处理，并通过终端设备显示处理结果。

与非交互式数据处理相比，交互式数据处理灵活、直观、便于控制。系统和操作人员之间以人机对话的方式一问一答：操作人员提出请求，数据以对话的方式输入，系统便提供相应的数据或者提示信息，引导操作人员逐步完成所需要的操作，直至获得最后的处理结果。

采用交互式数据处理，存储在系统中的数据文件能够被及时处理修改，同时，处理结果可以立即被使用。交互式数据处理具备的这些特征能够保证输入的信息得到及时处理，使交互方式继续进行下去。

典型的交互式数据处理工具有Hive、HBase、Spark SQL等。其中Hive是基于Hadoop的一个数据仓库工具，它是MapReduce的一个封装，底层就是MapReduce程序。Hive可以将结构化的数据文件（如按照各字段分类的数据）映射成一张虚表，并提供类SQL查询功能。有了Hive后，人们就不用再编写麻烦的MapReduce程序了，通过简单的HQL（Hive的类SQL语言）语句就能实现基于Hadoop的大数据计算分析。Hive、HBase、Spark SQL等都可以开启交互式命令环境，能够提供交互式数据计算处理。

3.2.2 Hive在交互式计算中的应用

Hive是建立在Hadoop之上的数据仓库基础构架。它提供了一系列的工具，可以用来进行数据提取、转化、加载等，它是一种可以存储、查询和分析存储在Hadoop中的大规模数据的机制。Hive定义了简单的类SQL查询语言，称为Hive Query Language（HQL），用来从存储在Hadoop集群上的数据中查询所需要的信息。Hive方便了熟悉SQL的用户查询数据，同时这个语言也允许熟悉MapReduce开发者开发自己的Mapper和Reducer来处理内建的Mapper和Reducer无法完成的复杂的数据分析处理工作。

实验五　基于Hive的MapReduce基础应用

基于Hive的MapReduce操作分析的实验过程可通过扫描二维码查看。

1）Hive在Hadoop生态圈中的位置

Hive是一个SQL解析引擎，将SQL转译成MapReduce程序并在Hadoop上运行。Hive对外提供类似于SQL语法的HQL语句数据接口，自动将HQL语句编译转化为MR作业后在Hadoop上执行，从而降低了分析人员使用Hadoop进行数据分析的难度。

图3-10体现了Hive在Hadoop生态圈的位置。

可以看出，Hive作为Hadoop的数据仓库处理工具，它所有的数据都存储在Hadoop兼容的文件系统中。

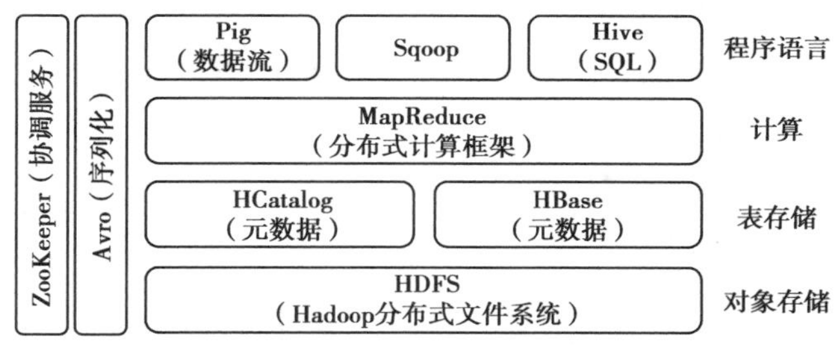

图3-10　Hive在Hadoop中的位置

2)Hive特点

Hive在加载数据过程中不会对数据进行任何的修改，只是将数据移动到HDFS中Hive设定的目录下。因此，Hive不支持对数据的改写和添加，所有的数据都是在加载的时候确定的。基于此，Hive具有如下设计特点：

①支持索引，加快数据查询。

②不同的存储类型，例如，纯文本文件、HBase中的文件。

③将元数据保存在关系数据库中，减少了在查询中执行语义检查时间。

④可以直接使用存储在Hadoop文件系统中的数据。

⑤内置大量用户函数UDF来操作时间、字符串和其他的数据挖掘工具，支持用户扩展UDF。

⑥由自定义函数来完成内置函数无法实现的操作。

⑦类SQL的查询方式，将SQL查询转换为MapReduce作业(job)在Hadoop集群上执行，也可以将SQL转换成Spark、Tez等计算框架可执行的代码，并将计算任务最终由这些计算框架来完成。

⑧编码时和Hadoop一样，都使用UTF-8字符集。

3)Hive体系结构

图3-11为Hive的体系结构。可见，它是一种建立在Hadoop基础上的用户交互接口，其底层存储仍然是Hadoop的HDFS，计算框架还调用了Hadoop的MapReduce。通过HQL可以让用户方便访问Hadoop数据，不需要用户编写复杂的MapReduce程序。

(1)用户接口

CLI：命令行界面，CLI启动的时候，会同时启动一个Hive副本。

JDBC客户端：封装了Thrift和Java应用程序，可以通过指定的主机和端口连接到在另一个进程中运行的Hive服务器。

ODBC客户端：ODBC驱动允许支持ODBC协议的应用程序连接到Hive。

Web接口：可以通过浏览器访问Hive。

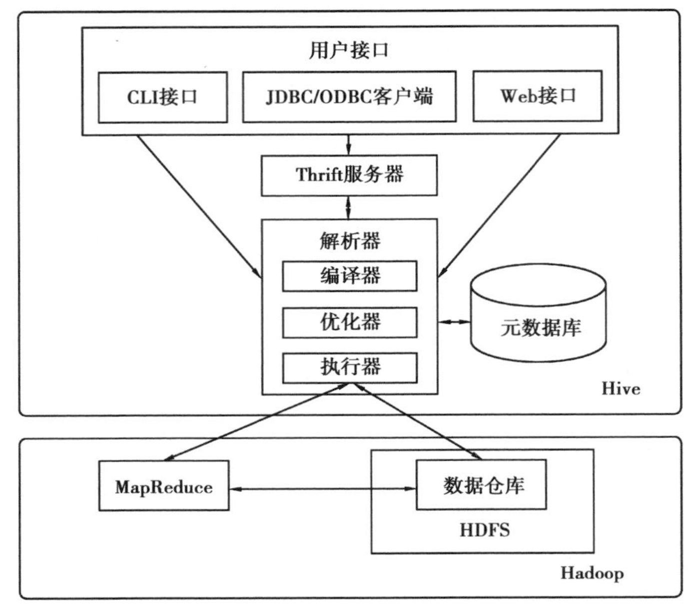

图3-11　Hive体系结构

(2)Thrift服务器

基于Socket通信，支持跨语言。Hive Thrift服务简化了在多编程语言中运行Hive的命令。Thrift服务绑定支持C++、Java、PHP、Python和Ruby语言。

(3)解析器

编译器完成HQL语句从词法分析、语法分析、编译、优化以及执行计划的生成。

优化器是一个演化组件，当前它的规则是：列修剪，谓词下推。

执行器会顺序执行所有的作业。如果任务链不存在依赖关系，可以采用并发执行的方式执行作业。

(4)元数据库

Hive的数据由两部分组成：数据文件和元数据。元数据用于存放Hive库的基础信息，它存储在关系数据库中，如MySQL、Derby。元数据包括数据库信息、表的名字、表的列和分区及其属性、表的属性、表的数据所在目录等。

(5)Hadoop

Hive的数据文件存储在HDFS中,大部分的查询由MapReduce完成(对于包含*的查询,比如select * from tbl不会生成MapRedcue作业)。

4)Hive运行机制

如图3-12,Hive的运行主要通过以下四步实现。

①用户通过用户接口连接Hive,发布Hive SQL。

②Hive解析查询并制订查询计划。

③Hive将查询转换成MapReduce作业。

④Hive在Hadoop上执行MapReduce作业。

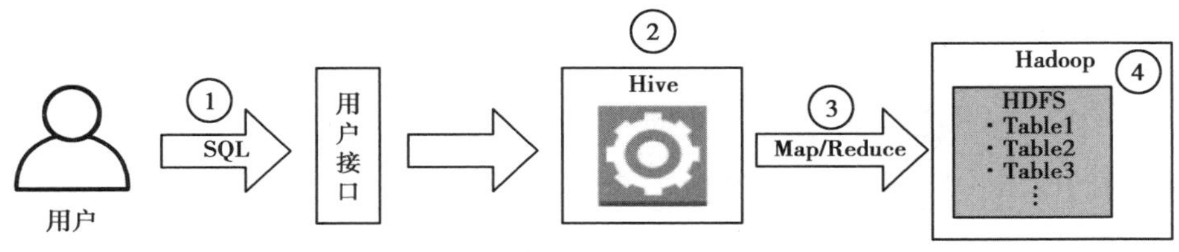

图3-12 Hive运行机制

5)Hive的优势

①解决了传统关系数据库在大数据处理上的瓶颈,适合大数据的批量处理。

②充分利用集群的CPU计算资源、存储资源,实现并行计算。

③Hive支持标准SQL语法,免去了编写MR程序的过程,减少了开发成本。

④具有良好的扩展性,拓展功能方便。

⑤可自定义函数,实现对复杂逻辑的处理。

⑥具备较好的容错性,若出现单个数据节点的故障,任务可以正常进行。

6)Hive的缺点

①Hive的HQL表达能力有限:有些复杂运算用HQL不易表达。

②Hive效率低:Hive自动生成MR作业,通常不够智能;HQL调优困难,粒度较粗;可控性差。

③Hive无法满足交互式查询分析的性能要求。

④不支持事务型任务。

⑤对数据挖掘能力的支持有限。

针对Hive运行效率低下的问题，促使人们去寻找一种更快、更具交互性的分析框架。Spark SQL的出现则有效地提高了SQL在Hadoop上的分析运行效率。

7)Hive的适用场景

①海量数据的存储处理。

②数据挖掘。

③海量数据的离线分析。

8)Hive的不适用场景

①复杂的机器学习算法。

②复杂的科学计算。

③联机交互式实时查询。

9)Hive安装与配置

Hive是Hadoop生态圈中的一个数据仓库工具，不是数据库。它提供SQL查询功能，但是将SQL语句转化为MapReduce任务进行的，Hive中的数据是存放在HDFS上的，可以把Hive理解为是一个Hadoop的客户端，用来提交MapReduce代码的，所以使用Hive的前提是已经安装了Hadoop。它的安装方式只有一种，可以安装在任何地方，既可以安装在集群中的任何一台计算机上，也可以安装在非集群中的计算机上。

第一步 下载Hive并解压。

Hive的下载地址：http://archive.apache.org/dist/hive/，用wget命令下载Hive并解压。

```
[hadoop@master Downloads]$ wget \
    http://archive.apache.org/dist/hive/hive-0.10.0/hive-0.10.0.tar.gz
[hadoop@master Downloads]$ tar -zxvf hive-0.10.0.tar.gz
```

第二步 配置Hive。

需要配置Hive，这样才能够运行Hive。进入conf文件夹，并将hive-default.xml.template文件的内容复制到hive-site.xml文件中，操作如下：

```
[hadoop@master hive-0.10.0]$ cd conf/
[hadoop@master conf]$ cp hive-default.xml.template hive-site.xml
```

Hive将元数据存储在关系数据库中，比如MySQL、Derby中。Hive默认是用Derby数据库，可以修改为MySQL(要确保计算机上面已经安装好了MySQL数据库)。

第三步 编辑/etc/profile文件。

编辑/etc/profile文件，将Hive的home目录添加进去，操作如下：

```
[hadoop@master conf]$ sudo vim /etc/profile
```

添加以下语句：

```
export HIVE_HOME=/home/[hadoop/Downloads/hive-0.10.0
export PATH=$PATH:$HIVE_HOME/bin
```

运行下面的命令，让上面的修改生效。

```
[hadoop@master conf]$ source /etc/profile
```

现在可以试一下，Hive是否安装好(需要启动Hadoop，否则不能运行成功)。

```
[hadoop@master conf]$ hive
```

如果安装成功，会出现Hive命令状态。

```
hive>
```

10)Hive常用命令

Hive的常用命令及命令功能见表3-7。

表3-7　Hive常用命令表

命令	命令功能
Show databases	查看已经存在的数据库
Describe databases test	查看某个(test)已经存在的数据库
Create database test	创建数据库test
Drop database if exists test cascade	删除数据库
Use test1	切换当前工作的数据库
Show tables	查看当前工作数据库中的表
Show tables in test	查看数据库test中的表
Create table	创建内部表
Create external table	创建外部表
Describe student	查看表student的结构信息以及列的注释
Describe formatted student	查看表student的详细信息
Describe extended student_info	查看分区表student_info的详细信息
Drop table student	删除表student
Alter table student rename to student1	表重命名
Alter table student1 add columns(new_col int)	增加列
Alter table student1 change column age sage int	修改列

Hive的出现大大提高了大数据仓库相关应用的开发效率,降低了非专业开发人士使用大数据仓库的门槛。Hive提供一个更高层的抽象,通过隐藏底层Hadoop平台这些琐碎的细节,将程序员从重复工作中解脱出来,使程序员可以集中精力于业务上。然而,Hive是不能作为一个完整的数据库使用的,它响应用户查询请求的延迟较大,不支持记录级别的数据修改、增加和删除,也不支持事务。如果在使用大数据仓库时需要这些数据库的特性,那么,相比于Hive,HBase就是一个更好的选择。

11)用Hive实现单词计数

第一步　本地构造数据,数据内容如下。

```
[hadoop@master ~]$ cat wordcount.txt
Hello,world
Hello,Hadoop
My,world
My,dream
Hello,Map
Hello,Reduce
[hadoop@master ~]$
```

第二步　在Hive上创建一张表wordcount,再将本地数据导入。

```
hive> create table wordcount( sentence string); //创建一张名字为 wordcount 的表
OK
Time taken: 0.095 seconds
hive> load data local inpath '/home/hadoop/wordcount.txt' into table wordcount;
    //将本地数据导入到 Hive 数据库中
Loading data to table default.wordcount
Table default.wordcount stats: [numFiles=1, totalSize=66]
OK
Time taken: 0.485 seconds
hive> select * from wordcount; //查询表的内容
OK
Hello,world
Hello,Hadoop
My,world
My,dream
Hello,Map
Hello,Reduce
    Time taken: 0.11 seconds, Fetched: 6 row(s)
```

第三步　利用MapReduce思想,先把每行数据转化为一个数组的形式。

```
hive> select split(sentence,´,´)from wordcount;
OK
["Hello","world"]
["Hello","Hadoop"]
["My","word"]
["My","dream"]
["Hello","Map"]
["Hello","Reduce"]
Time taken: 0.183 seconds, Fetched: 6 row(s)
```

第四步 将数组的每一个单词拆分出来,每行就只有一个单词。

```
hive> select explode(split(sentence,´,´))from count;
OK
Hello
world
Hello
Hadoop
My
word
My
dream
Hello
Map
Hello
Reduce
Time taken: 0.113 seconds, Fetched: 12 row(s)
```

第五步 组合语句写一个单词统计,并排序。

```
hive> select word ,count(1)as c
    > from (
    > select explode(split(sentence,´,´))as word from wordcount
    > )t group by word
    > order by c desc;
```

第六步 得到单词计数结果如下。

```
Hello 4
world 2
Hadoop 1
My 2
dream 1
Map 1
Reduce 1
```

3.2.3 HBase在交互式计算中的应用

Hive是基于Hadoop的一个数据仓库工具，可以将结构化的数据文件映射为一张数据库表，并提供简单的SQL查询功能；可以将SQL语句转换为MapReduce任务进行运行，也就是说Hive是一种类SQL的引擎，并能运行MapReduce任务，它可以帮助熟悉SQL的人简单快捷地运行MapReduce任务。由于Hive在Hadoop上运行批量操作，它需要花费很长的时间，通常是几分钟到几个小时才可以获取到查询的结果，因此Hive适合用来对一段时间内的数据进行分析查询。例如，用来计算趋势或者网站的日志。严格地讲Hive并非数据库，它主要是让开发人员能够通过SQL来计算和处理HDFS上的结构化数据，适用于离线的批量数据计算。

HBase是Hadoop DataBase的简称，是一种基于Hadoop的NoSQL数据库，主要适用于海量明细数据（十亿、百亿）的随机实时查询，如日志明细、交易清单、轨迹行为等。

HBase是一个分布式的、面向列的开源数据库，该技术来源于Fay Chang所撰写的Google论文《Bigtable：一个结构化数据的分布式存储系统》。就像Bigtable利用了Google文件系统（File System）所提供的分布式数据存储一样，HBase在Hadoop之上提供了类似于Bigtable的能力。

HBase不同于一般的关系数据库，它是一个基于列而不是基于行的适合于非结构化数据存储的数据库。也就是说，HBase是一个高可靠性、高性能、面向列、可伸缩的分布式存储系统。利用HBase技术可在廉价PC Server上搭建起大规模结构化存储集群，HBase的目标是存储并处理大型的数据，更具体来说是仅需使用普通的硬件配置，就能够处理由成千上万的行和列所组成的大型数据。HBase利用Hadoop HDFS作为其文件存储系统，利用Hadoop MapReduce来处理HBase中的海量数据。

1)HBase的特点

因为HBase存储的是松散的数据，所以如果在应用程序中，数据表每一行的结构是有差别的，那么可以考虑使用HBase。因为HBase的列可以动态增加，并且列为空就不存储数据，所以如果需要经常追加字段，且大部分字段是NULL值的，那可以考虑HBase。因为HBase可以根据Row Key提供高效的查询，所以如果数据（包括元数据、消息、二进制数据等）都有着同一个主键，或者需要通过键来访问和修改数据，使用HBase是一个很好的选择。

（1）HBase的优点

•列可以动态增加，并且列为空就不存储数据，节省存储空间。

•HBase自动切分数据,使得数据存储自动具有水平可伸缩性。

•HBase可以提供高并发读写操作的支持。

(2)HBase的缺点

•不能支持条件查询,只支持按照Row Key(行键)来查询。

•HBase并不适合传统的事务处理程序或关联分析,不支持复杂查询,一定程度上限制了它的使用,但是用它做数据存储的优势也同样非常明显。

2)HBase的数据结构

要使用HBase,首先要了解HBase的数据结构,HBase的概念视图见表3-8。HBase会存储系列的行记录,行记录有三个基本类型的定义:Row Key、Time Stamp、Column Family。

表3-8 HBase概念视图

Row Key	Time Stamp	Column Family:c1		Column Family:c2	
		列	值	列	值
r1	t7	c1:1	value1-1/1		
	t6	c1:2	value1-1/2		
	t5	c1:3	value1-1/3		
	t4			c2:1	value1-2/1
	t3			c2:2	value1-2/2
r2	t2	c1:1	Value2-1/1		
	t1			c2:1	value2-1/1

(1)Row Key(行键)

与NoSQL数据库一样,Row Key是用来检索记录的主键。访问HBase table中的行,只有三种方式:

•通过单个Row Key访问。

•通过Row Key的range(正则)访问。

•全表扫描。

行键可以是任意字符串(最大长度是64 KB,实际应用中长度一般为10 ~ 100 bytes),在HBase内部,Row Key保存为字节数组。

在存储时,数据按照Row Key的字典序(Byte Order)排序存储。设计Key时,要充分考虑排序存储这个特性,将经常一起读取的行存储到一起(位置相关性)。

(2)Column Family(CF,列族)

HBase表中每个列都必须属于某个列族,列族必须作为表模式定义的一部分预先给出(有点像关系型数据库中的列名,定义完一般情况下就不会再去修改)。列名以列族作为前缀,每个列族都可以有多个列成员。新的列族成员(也就是列)可以随后按需增加,由于每个列族包含的列是动态加入,因此HBase表是按照稀疏表方式存储,只存储有值的列信息。

HBase把同一列族里面的数据存储在同一目录下,由几个文件保存。

(3)Cell(单元)

HBase中通过Row key和CF确定的一个存储单元称为Cell。Cell中的数据是没有类型的,全部是字节码形式存储。每个Cell都保存着同一份数据的多个版本,版本通过时间戳来索引。

(4)Time Stamp(时间戳)

在HBase每个Cell存储单元对同一份数据有多个版本,根据唯一的时间戳来区分每个版本之间的差异,不同版本的数据按照时间倒序排序,最新的数据版本排在最前面,时间戳的类型是64位整型。时间戳可以由HBase(在数据写入时自动)赋值,此时时间戳是精确到毫秒的当前系统时间。时间戳也可以由客户显示赋值。如果应用程序要避免数据版本冲突,就必须自己生成具有唯一性的时间戳。为了避免数据存在过多版本造成的管理(包括存储和索引)负担,HBase提供了两种数据版本回收方式。一种是保存数据的最后n个版本,另一种是保存最近一段时间内的版本(比如最近7天)。用户可以针对每个列族进行设置。

HBase表的通用格式见表3-9。

表3-9 HBase表格式

HBase表		
Row Key	CF1	CF2
记录1	列1...列n	列1...列m
记录2	列1...列i	列1...列j
记录3	列1...列k	列1...列y

HBase是一个面向列的数据库,在表中它由行排序,一个表有多个列族以及每一个列族可以有任意数量的列,后续列的值连续存储在磁盘上,表中的每个单元格值都具有时间戳。HBase中包括:

• 表是行的集合。
• 行是列族的集合。
• 列族是列的集合。
• 列是键值对的集合。

这里的列式存储或者说面向列，就是列族存储，HBase是根据列族来存储数据的。列族下面可以有非常多的列，列族在创建表的时候就必须指定。

HBase中的所有数据文件都存储在Hadoop HDFS文件系统上，主要有HFile和HLog File两种格式。

3)HBase的系统架构

图3-13为HBase各模块关系图，HBase底层依赖Hadoop的HDFS存储系统。

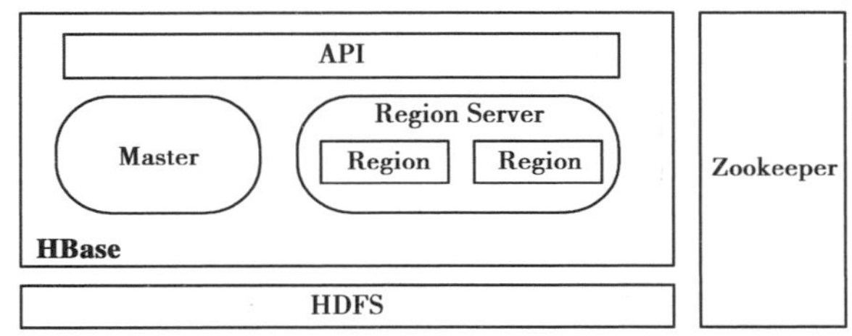

图3-13 HBase各模块组成

(1)Master

HBase Master用于协调多个Region Server，侦测各个Region Server之间的状态，并平衡Region Server之间的负载。HBase Master还有一个职责就是负责分配Region给Region Server。HBase允许多个Master节点共存，但是这需要Zookeeper的帮助。不过当多个Master节点共存时，只有一个Master是提供服务的，其他的Master节点处于待命的状态。当正在工作的Master节点宕机时，其他的Master则会接管HBase的集群。

(2)Region Server

对于一个Region Server而言，其包括了多个Region。Region Server的作用只是管理Region，以及实现读写操作。Client直接连接Region Server，并通信获取HBase中的数据。对于Region而言，则是真实存放HBase数据的地方，也就说Region是HBase可用性和分布式的基本单位。如果当一个表格很大，并由多个CF组成时，那么表的数据将存放在多个Region之间，并且在每个Region中会关联多个存储的单元。

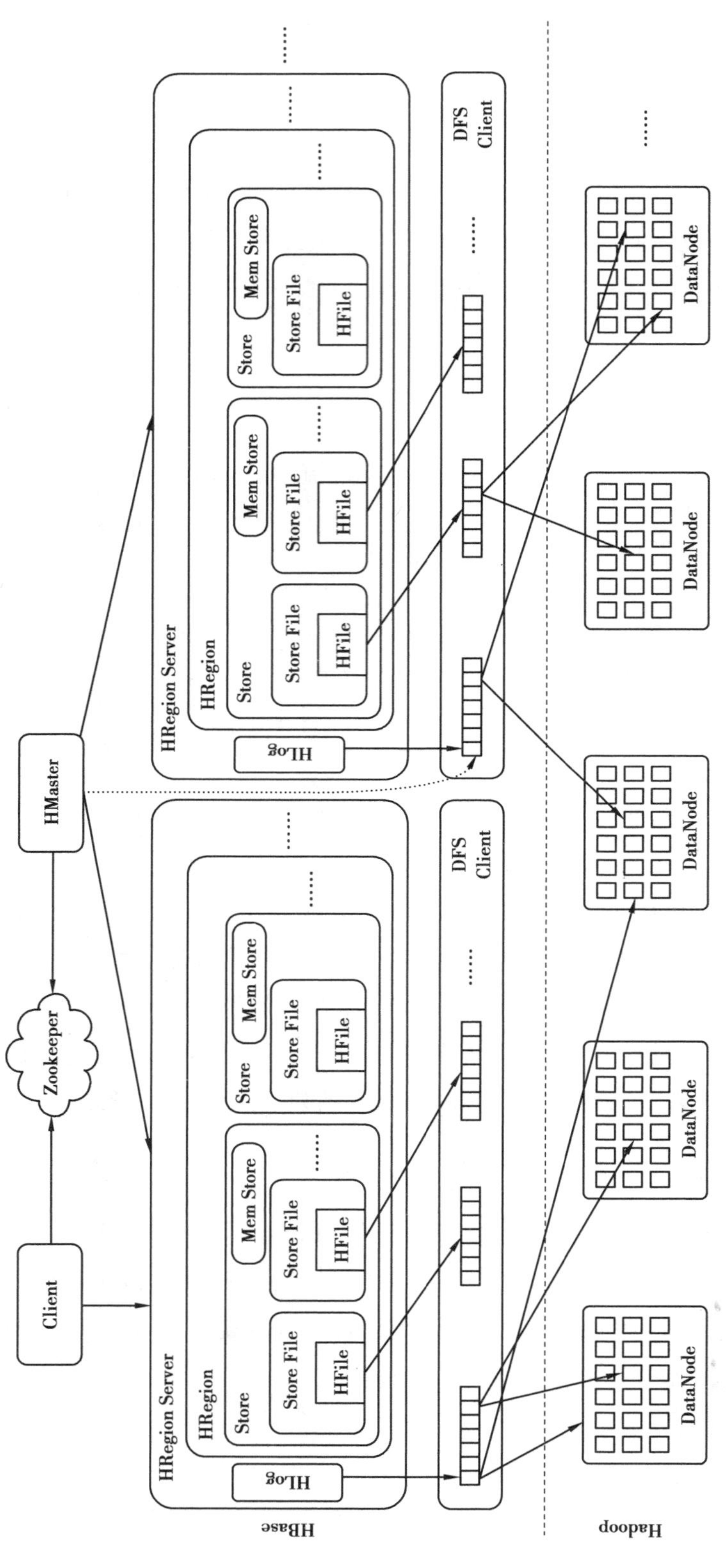

图3-14　HBase系统架构

(3)Zookeeper

Zookeeper是HBase集群的"协调器",对于HBase而言,Zookeeper的作用是至关重要的。首先Zookeeper是作为HBase Master的HA(High Availability,高可用)解决方案。也就是说,是Zookeeper保证了至少有一个HBase Master处于运行状态,并且Zookeeper负责Region和Region Server的注册,并成为分布式大数据框架中容错性的标准框架。不光是HBase,几乎所有的分布式大数据相关的开源框架,都依赖于Zookeeper实现HA。

如图3-14所示,HBase的集群是通过Zookeeper来进行机器之间的协调,也就是说HBase Master(HMaster)与HBase Region Server(HRegion Server)之间的关系靠Zookeeper来维护。当一个客户(Client)需要访问HBase集群时,Client需要先和Zookeeper来通信,然后才会找到对应的HRegion Server。每一个HRegion Server管理着很多个HBase Region(HRegion)。对于HBase来说,HRegion是HBase并行化的基本单元。因此,数据也都存储在HRegion中。

4)HBase的操作

相比较Hive,HBase实现了更快地查询响应,支持行级别的事务,并支持在行级别维度上进行数据更新。HBase本身并不提供对查询语言(如SQL)的支持,但这并不是一个问题,因为Hive已经可以和HBase集成。其基本原理是借助Hive将数据加载到HBase中,等数据加载完成后,就可以利用Hive使用类SQL(HQL)语言编写程序或者交互数据处理了,这样一来,HBase也可以支持类SQL查询中的常见操作命令。HBase操作分为表操作和数据操作两种类型,表3-10列举了HBase常用操作命令及使用方法。

表3-10　HBase命令及使用方法

命令	命令功能	操作举例
status	查看HBase状态	>status
create '表名','列族名1','列族名2','列族名N'	创建表	>create 'users','user_id','address','info'
list	查看所有表	>list
describe '表名'	描述表	>describe 'users'
先要屏蔽该表,才能对该表进行删除 第一步 disable '表名', 第二步 drop '表名'	删除一张表	>disable 'users' >drop 'users'

续表

命令	命令功能	操作举例
put '表名','rowkey','列族:列','值'	添加记录	>put 'users','xiaoming','info:age','24' >put 'users','xiaoming','address:country','china' >put 'users','wangfang','info:favorite','movie' >put 'users','wangfang','address:city','chongqing'
get '表名','rowkey'	查看记录 rowkey 下的所有数据	>get 'users','xiaoming'
scan '表名'	查看所有记录	>scan 'users'
count '表名'	查看表中的记录总数	>count 'users'
get '表名','rowkey','列族:列'	获取某个列族	>get 'users','xiaoming','info'
get '表名','rowkey','列族:列'	获取某个列族的某个列	>get 'users','xiaoming','info:age'
delete '表名','行名','列族:列'	删除记录	>delete 'users','xiaoming:age'
deleteall '表名','rowkey'	删除整行	>deleteall 'users','xiaoming'
truncate '表名'	清空表	>truncate 'users'
scan '表名',{COLUMNS=>'列族名:列名'}	查看某个表某个列中所有数据	>scan 'users',{COLUMNS=>'xiaoming:age'}

基于HBase的系统设计与开发中,需要考虑的因素不同于关系型数据库,HBase模式本身很简单,但赋予了更多调整空间。有一些模式写数据时性能很好,但读取数据时表现不好,或者正好相反。在实际项目中,考虑HBase设计模式时,需要从以下几方面内容着手:

- 这个表应该有多少个列族。
- 列族使用什么数据。
- 每个列族应有多少个列。
- 列名应该是什么,尽管列名不必在建表时定义,但是读写数据时是需要的。
- 单元应该存放什么数据。
- 每个单元存储什么时间版本。
- 行键结构是什么,应该包括什么信息。

3.2.4　Spark SQL在交互式计算中的应用

1)Spark简介

许多行业广泛使用Hadoop来分析大数据。原因是Hadoop框架基于一个简单的编程模型(MapReduce),它支持可扩展、灵活、容错和成本有效的计算解决方案。

Spark是基于内存计算的大数据并行计算框架,是一种快速、通用、可扩展的大数据分析引擎。它于2009年诞生于加州大学伯克利分校的AMP实验室,2010年开源,2013年6月成为Apache孵化项目,2014年2月成为Apache顶级项目。目前,Spark生态系统发展成为一个包含多个子项目的集合,其中包含Spark SQL、Spark Streaming、GraphX、MLlib等子项目。Spark基于内存计算,提高了在大数据环境下数据处理的实时性,同时保证了高容错性和高可伸缩性,允许用户将Spark集群部署在大量廉价硬件之上。

Spark是在借鉴了MapReduce之上发展而来的,继承了其分布式并行计算的优点,并对MapReduce进行了改进。首先,Spark把中间数据放到内存中,迭代运算效率高。MapReduce中间计算结果需要保存到磁盘上,这样势必影响整体速度,而Spark支持DAG图的分布式并行计算的编程框架,减少了迭代过程中数据对磁盘的访问,提高了处理效率。其次,Spark容错性高。Spark引进了RDD (Resilient Distributed Dataset,弹性分布式数据集)的抽象,它是分布在一组节点中的只读对象集合,这些集合是弹性的,如果数据集一部分丢失,则可以根据“血统”(即允许基于数据衍生过程)对它们进行重建。另外在RDD计算时可以通过CheckPoint来实现容错。最后,Spark更加通用。MapReduce只提供了Map和Reduce两种操作,Spark提供的数据集操作类型有很多,大致分为Transformations和Actions两大类。Transformations包括Map、Filter、FlatMap、Sample、GroupByKey、ReduceByKey、Union、Join、Cogroup、MapValues、Sort等多种操作类型,同时还提供Count。Actions包括Collect、Reduce、Lookup和Save等操作。总之,Spark是MapReduce的替代方案,而且兼容HDFS、Hive,还可融入Hadoop的生态系统,以弥补MapReduce的不足。

图3-15是大数据处理技术的演进过程,在大数据处理技术中,Hadoop和Spark是两个并行处理框架,相比较于Hadoop来说,Spark具有以下的特性。

(1)速度快

Spark有助于在Hadoop集群中运行应用程序,在内存中速度提高100倍,在磁盘上运行时提高10倍,这可以通过减少对磁盘的读/写操作的数量来实现。它将中间处理数据存储在内存中。

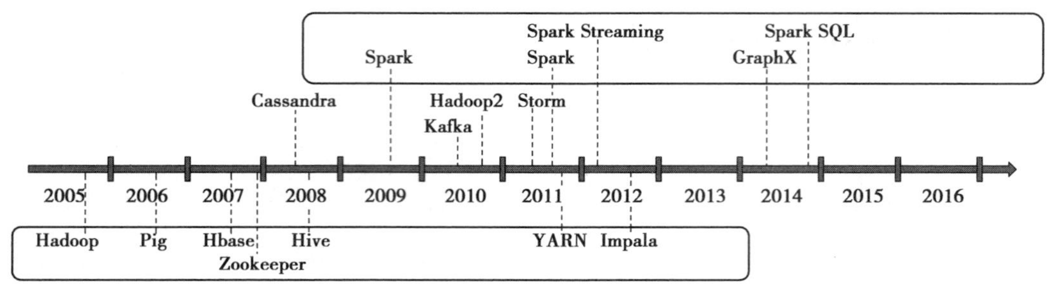

图3-15　大数据处理技术演进图

(2)易用

Spark支持Java、Python、Scala和R的API,还支持超过80种高级算法,使用户可以快速构建不同的应用。而且Spark支持交互式的Python和Scala的Shell,可以非常方便地在这些Shell中使用Spark集群来验证解决问题的方法。

(3)通用

Spark可以用于批处理、交互式查询(Spark SQL)、实时流处理(Spark Streaming)、机器学习(Spark MLlib)和图计算(GraphX)。这些不同类型的处理都可以在同一个应用中无缝使用。Spark统一的解决方案非常具有吸引力,毕竟任何公司都想用统一的平台去处理遇到的问题,减少开发和维护的人力成本和部署平台的物力成本。

(4)兼容性

Spark可以非常方便地与其他的开源产品进行融合。比如,Spark可以使用Hadoop的YARN和Apache Mesos作为它的资源管理和调度器,并且可以处理所有Hadoop支持的数据,包括HDFS,HBase和Cassandra等。这对已经部署Hadoop集群的用户特别重要,因为不需要做任何数据迁移就可以使用Spark的强大处理能力。Spark也可以不依赖第三方的资源管理和调度器,它实现了独立的集群模式(Standalone)作为其内置的资源管理和调度框架,这样进一步降低了Spark的使用门槛,使得所有人都可以非常容易地部署和使用Spark。

2)Spark生态圈

如图3-16所示,Spark生态圈是以Spark Core为核心,从HDFS、Amazon S3和HBase等持久层读取数据,以Mesos,YARN和自身携带的Standalone为资源管理器调度作业完成Spark应用程序的计算。这些应用程序可以来自不同的组件,如Spark Shell/Spark Submit的批处理、Spark Streaming的实时处理应用、Spark SQL的交互式查询、MLlib/MLbase的机器学习、GraphX的图处理和SparkR的数学计算等。

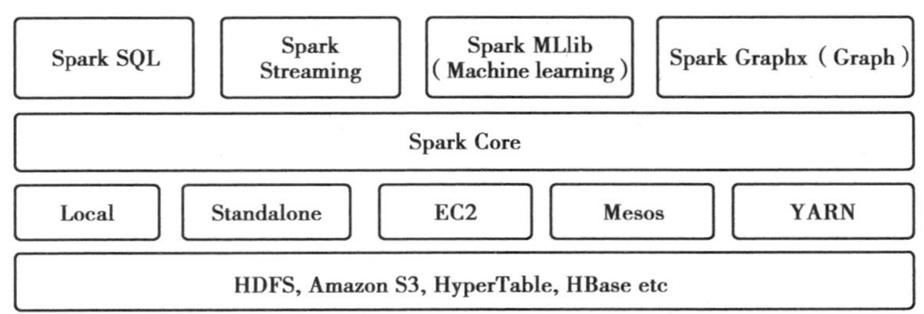

图3-16　Spark生态系统

3)Spark SQL概述

Spark SQL是Spark用来处理结构化数据的一个模块，它提供了非常强大的API。Spark SQL允许开发人员直接处理RDD，以及查询存储在Hive、HBase上的外部数据。

在Hadoop生态中已经有了Hive、Pig等分析工具，为什么还会出现Spark SQL呢？在Hadoop发展过程中，为了给熟悉RDBMS但又不理解MapReduce的技术人员提供快速上手的工具，Hive应运而生，它是当时唯一运行在Hadoop上的SQL-on-Hadoop工具。但是，MapReduce在计算过程中大量的中间磁盘落地过程消耗了大量的磁盘I/O，严重地降低了运行效率。为了提高SQL-on-Hadoop的运行效率，大量的SQL-on-Hadoop工具开始产生，其中表现突出的有一个叫Shark的工具，Shark运行在Spark引擎上，从而使得SQL的查询速度得到了10～100倍的提升。

但是，随着Spark的发展，Shark对于Hive的太多依赖（如采用Hive的语法解析器、查询优化器等），与Spark的一站式处理（One Stack to Rule Them All）的既定方针不相匹配，制约了Spark各个组件的相互集成，于是就产生了Spark SQL。简单总结就是，Spark SQL的开发目的是为用户提供关系查询和复杂过程算法（如机器学习算法）混合应用，让此类应用在内存中执行分析，在几秒或几分钟内生成结果。Spark SQL具有以下特点：

（1）容易集成

Spark SQL将SQL查询与Spark程序无缝对接，它允许用户使用SQL或熟悉的DataFrame API在Spark程序内查询结构化数据，可应用于Java、Scala、Python和R语言。

（2）统一的数据访问方式

Spark SQL可使用同样的方式连接任何数据源，DataFrame和SQL提供了访问各种数据源的常用方式，包括Hive、Avro、Parquet、ORC、JSON和JDBC，用户甚至可以通过这些数据源直接加载数据。

(3)支持HQL查询

Spark SQL能够在现有数据仓库上运行SQL或HiveSQL查询,Spark SQL支持HiveQL语法、Hive SerDes(序列化和反序列化工具)和UDF(用户自定义函数),允许用户访问现有的Hive仓库。

(4)标准的数据连接

Spark SQL通过JDBC或ODBC进行数据库连接,服务器模式为商业智能工具提供行业标准的JDBC和ODBC数据连接。

4)Spark SQL组件

DataFrame、SQLContext和JDBC数据源是Spark SQL最主要的三个组件。

(1)DataFrame

DataFrame是一个分布式的、按照命名列的形式组织的数据集合。DataFrame基于R语言中的data.frame概念,与关系型数据库中的数据库表类似。之前版本的Spark SQL API中的SchemaRDD已经更名为DataFrame。

可以通过调用RDD方法,把DataFrame的内容作为行值,从而能将DataFramc转换成RDD。

用户可以通过如下数据源创建DataFrame。

•已有的RDD。

•结构化数据文件。

•JSON数据集。

•Hive表。

•外部数据库。

(2)SQLContext

Spark SQL提供SQLContext封装Spark中的所有关系型功能。用户可以使用自己之前应用中的SparkContext创建SQLContext。下述代码片段展示了如何创建一个SQLContext对象。

```
val sqlContext = new org.apache.spark.sql.SQLContext(sc)
```

此外,Spark SQL中的HiveContext提供的功能可以是SQLContext所提供功能的超集。用户可以在用HiveQL解析器编写查询语句以及从Hive表中读取数据时使用。在Spark程序中使用HiveContext不需要既有的Hive环境。

(3)JDBC数据源

JDBC数据源可用于通过JDBC API读取关系型数据库中的数据。相比于使用JdbcRDD,应该将JDBC数据源的方式作为首选,因为JDBC数据源能够将结果作为DataFrame对象返回,直接用Spark SQL处理或与其他数据源连接。

5)Spark SQL应用

Spark Shell启动后,就可以用Spark SQL API执行数据分析查询。

在本示例中,首先从文本文件中加载用户数据,然后从数据集中创建一个DataFrame对象,最后运行DataFrame函数,执行特定的数据选择查询。

文本文件customers.txt中的内容如下。

```
100, John Smith, Austin, TX, 78727
200, Joe Johnson, Dallas, TX, 75201
300, Bob Jones, Houston, TX, 77028
400, Andy Davis, San Antonio, TX, 78227
500, James Williams, Austin, TX, 78727
```

下述代码片段展示了可以在Spark Shell终端执行的Spark SQL命令。

```
//首先用已有的 Spark Context 对象创建 SQLContext 对象
val sqlContext = new org.apache.spark.sql.SQLContext(sc)
//导入语句,可以隐式地将 RDD 转化成 DataFrameimport sqlContext.implicits.
//创建一个表示客户的自定义类 case class Customer(customer_id: Int, name: String, city:
String, state: String, zip_code: String)
//用数据集文本文件创建一个 Customer 对象的 DataFrame
val dfCustomers = sc.textFile("data/customers.txt").map(_.split(",")).map(p => Customer(p
(0).trim.toInt, p(1), p(2), p(3), p(4))).toDF()
//将 DataFrame 注册为一个表
dfCustomers.registerTempTable("customers")
//显示 DataFrame 的内容
dfCustomers.show()
//打印 DF 模式
dfCustomers.printSchema()
//选择客户名称列
dfCustomers.select("name").show()
//选择客户名称和城市列
dfCustomers.select("name", "city").show()
//根据 id 选择客户
dfCustomers.filter(dfCustomers("customer_id").equalTo(500)).show()
//根据邮政编码统计客户数量
dfCustomers.groupBy("zip_code").count().show()
```

除文本文件之外，也可以从其他数据源中加载数据，如JSON数据文件、Hive表，甚至可以通过JDBC数据源加载关系型数据库表中的数据。

实验六 HBase和Spark SQL基本操作

Spark SQL提供了十分友好的SQL接口，可以与来自多种不同数据源的数据进行交互，而且所采用的语法也是熟知的SQL查询语法。这对非技术类的项目成员，如数据分析师以及数据库管理员来说，是非常实用的。

关于HBase和Spark SQL数据库的操作实验过程可通过扫描二维码查看。

3.2.5 Eagles在交互式计算中的应用

搜索引擎已经成为大数据领域的一个核心应用，很多应用场景往往要求在数秒内完成对几亿、几十亿甚至几百上千亿的数据分析，从而达到不影响用户体验的目的。

实时检索与分析引擎Eagles，是上海德拓信息技术股份有限公司（DATATOM）研发的为大数据检索、分析业务提供的一套实时的、多维的、交互式的查询、统计、分析系统，它是该公司DANA Studio智能数据平台服务中的一个核心模块，具有高扩展性、高通用性、高性能的特点，能够为公司各个产品在大数据的统计分析方面提供完整的解决方案，让万级维度、千亿级数据下的秒级统计分析变为现实。相比较于同类产品，Eagles具有以下特性。

（1）易管理性

Eagles自带Web的管理控制台，方便进行远程维护和管理。

（2）高扩展性

Eagles拥有非常灵活的扩展性，只需添加一个个新节点，即可轻松应对更高级别的数据量，计算可以扩展到上百台服务器，高效处理PB级数据。

数据索引库可以设置任意多分片，分片会在集群节点之间平均地负载，当集群扩容或缩小的时候，Eagles会自动在节点之间迁移分片，以保证集群的负载平衡。

用户提交查询请求时，请求也会分发到每个涉及的节点，在多个分片中并发查询，Merge操作会选择其中一个负载较轻的分片进行查询，此特性在查询海量数据的时候优势就体现得非常明显。

（3）高可用性

Eagles拥有非常完善的故障异常处理机制，任何节点故障不影响系统正常使用。因Eagles采用对等节点机制，集群内部自动检测节点的增加、失效和恢复，并重新组织索引。

同时索引库支持设置多副本机制，任一索引分片都在不同的节点上有副本，任意节点故障系统会在毫秒级检测到异常并启动副本复制，不影响应用系统的正常使用。

(4)多种数据源支持

Eagles通过整合Crab数据收集引擎，能够支持多种数据源的定时收集，如传统ETL工具、网页Spider、数据库、文件系统、邮件、RabbitMQ消息队列、Log等数据源，索引可完全自定义索引结构。

(5)实时数据分析

Eagles提供了丰富的聚合/分类算法，利用其冗长但是强大的Aggregation DSL可以表达出比SQL还要复杂的聚合逻辑，为数据分析提供了有力的支撑，同时Eagles支持：

- 域的折叠与融合。
- 百分位等级聚合，该功能展示了观测值在某个特定值之下的百分率。
- 地理范围聚合，该功能提供了一个覆盖所有位置值的范围框图。

(6)数据地图搜索

Eagles内置Geo字段支持，只要文档中包含空间信息字段，即可使用Eagles搜索API进行空间搜索、距离搜索、范围搜索、空间统计等高级功能。

(7)Schema-Free

Eagles既可以搜索，也可以保存数据。它提供了一种半结构化、不依赖schema并且基于JSON的模型，可以直接传入原始的JSON文档。Eagles会自动地检测出数据类型，并对文档进行索引，也可以对schema映射进行定制，以实现特殊的自定义需求，例如对单独的字段或文档进行boost映射，或者是定制全文搜索的分析方式等。

(8)多语言分词

Eagles内置了多种语言的分词器，内置英文、中文、日文、俄文和法文，不同的分词器有不同的分词算法，用户可以根据自己的需求选择适合的分词器。词典支持自定义，以提升分词的准确率。

(9)QueryDSL

Eagles完整地支持了基于JSON的QueryDSL通用查询框架，QueryDSL是一个Java开源框架用于构建类型安全的SQL查询语句。它采用API代替拼凑字符串来构造查询语句。它有几大特点：

- QueryDSL仅仅是一个通用的查询框架，专注于通过Java API构建类型安全的SQL查询。
- QueryDSL可以通过一组通用的查询API为用户构建出适合不同类型ORM框架或者是SQL的查询语句，也就是说QueryDSL是基于各种ORM框架以及SQL之上的一个通用的查询框架。
- 借助QueryDSL可以在任何支持ORM框架或者SQL平台上以一种通用的API方式来构建查询。QueryDSL支持的平台包括JPA、JDO、SQL、Java Collections、Lucene、Mongodb等。

(10)兼容SQL

除了QueryDSL查询语法的支持，Eagles还支持类SQL的查询方式，让熟悉数据库的用户轻松上手，支持常用语法Select、Delete、Where、Order By、Group By、And/Or、Like、Count、Sum、Between等。

(11)RESTful跨平台接口

Eagles支持RESTful的API，可以使用JSON通过HTTP调用它的各种功能，包括搜索、分析与监控。此外，它还为Java、PHP、Perl、Python以及Ruby等各种语言提供了原生的客户端类库。

(12)与Hadoop兼容和集成

DATATOM将其在数据检索处理上的丰富经验与Hadoop开源平台高效整合。Eagles实时搜索引擎与Hadoop无缝集成，MapReduce的引入大大扩展了系统在数据分析方面的扩展能力。Eagles机器数据挖掘引擎是基于Hadoop平台进行数据挖掘与分析，Eagles将分片的信息暴露给Hadoop，以此可以实现协同定位。作业的任务会在每个Eagles分片所在的同一台机器上运行，Eagles能够提供近乎实时的响应速度，这极大地改善了Hadoop作业的执行速度以及执行的各种开销。

检索引擎的功能和性能决定了大数据系统的响应能力和可用性，同时很多大数据分析和挖掘操作也是依赖于底层实时查询技术。因此在海量数据规模下，能获得秒级的响应是大数据应用系统的一个关键指标。

3.3 图并行计算框架

图，在生活中无处不在，社交媒体、科学中分子结构关系、电商平台的广告推荐、网页信息等，图计算能够将人、产品、想法、事实、兴趣爱好之间的关系全部转换存储。各种场景下的信息都能转成图来表示，同时人们可以利用图来进行数据挖掘和机器学习，比如识别出有影响力的人和信息、社区发现、寻找产品和广告的投放用户、给有依赖关系的复杂数据构建模型等，这些都可以使用图计算来完成。

3.3.1 图并行计算

图计算广泛应用于社交网站中，众所周知，社交网络中存在复杂的交际关系，比如FaceBook、Twitter等，都需要使用图计算来计算彼此的联系，当一个图的规模非常大的时候，就需要使用分布式图并行计算。从社交网络到自然语言建模，图数据的规模和重要性已经促进了许多图并行计算模型的发展（例如Pregel、Spark GraphX、GraphLab等），这些图并行计算模型可以有效地执行复杂的图算法，效率远远高于更通用的数据并行系统。

图3-17比较了常见的数据并行模型和图并行模型。分布式图计算框架的目的，就是将对于巨型图的各种操作，包装为简单的接口，让分布式存储、并行计算等复杂问题对上层透明。从而使得复杂网络和图算法的工程师，可以更加聚焦在图相关的模型设计和使用上，而不用关心底层的分布式细节。

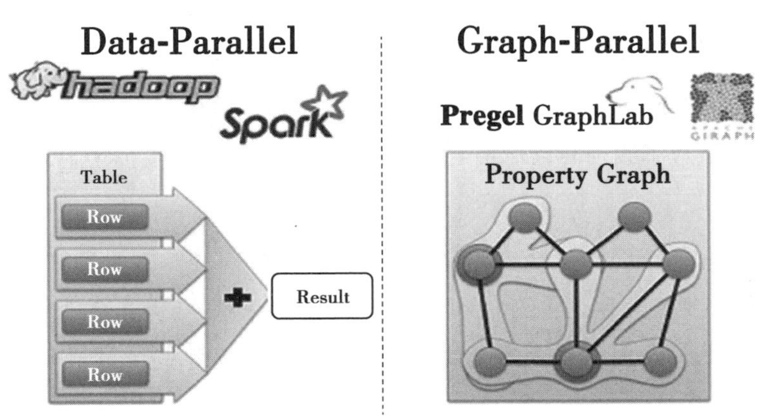

图3-17 数据并行计算模型与图并行计算模型

分布式图并行计算的实现需要考虑两个问题，一个是图存储模式，另一个是图计算模式。下面分别介绍这两个问题。

3.3.2 图存储模式

巨型图的存储，总体上有边分割和点分割两种存储方式。2013年，GraphLab2.0将其存储方式由边分割变为点分割，在性能上取得重大提升，后来被业界广泛接受并使用。

边分割(Edge-Cut):每个顶点都存储一次,但有的边会被打断分到两台机器上,如图3-18所示。这样做的好处是节省存储空间;坏处是对图进行基于边的计算时,对于一条两个顶点被分到不同机器上的边来说,就需要跨机器通信传输数据,内网通信流量大。

点分割(Vertex-Cut):每条边只存储一次,都只会出现在一台机器上,如图3-19所示。坏处就是邻居多的点会被复制到多台机器上,增加了存储开销,同时会引发数据同步问题。好处是可以大幅减少内网通信量。

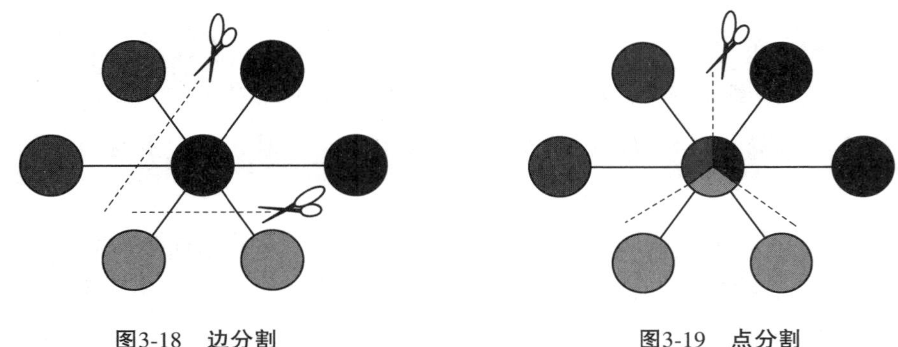

图3-18　边分割　　　　图3-19　点分割

虽然两种方法各有利弊,但是点分割占上风,各种分布式图计算框架都将自己底层的存储形式变成了点分割。主要原因有以下两个:

①磁盘价格下降,存储空间就不再是问题,但内网的通信资源却很有限,导致进行集群计算时,降低内网传输时间就显得更加宝贵。这点就类似于常见的空间换时间的策略。

②在应用场景中,绝大多数网络都是"无尺度网络",遵循幂律分布,不同点的邻居数量相差非常悬殊。而边分割会使那些多邻居的点所相连的边大多数被分到不同的机器上,这样的数据分布会使得内网带宽更加捉襟见肘,于是边分割存储方式被渐渐抛弃了。

3.3.3　图计算框架

图计算框架,基本上都遵循分布式同步(Bulk Synchronous Parallell,BSP)的计算模式。BSP模式的准则是批量同步(Bulk Synchrony),其独特之处在于超步(Superstep)概念的引入。如图3-20所示,一次计算过程由一系列全局超步组成。如图3-21所示,每一个超步包含并行计算(Local Computation)、全局通信(Communication)以及栅栏同步(Barrier Synchronisation,等待通信行为结束)三个阶段。

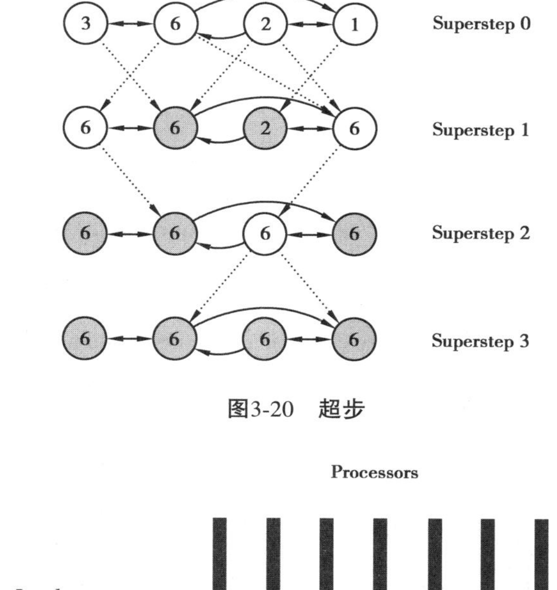

图3-20 超步

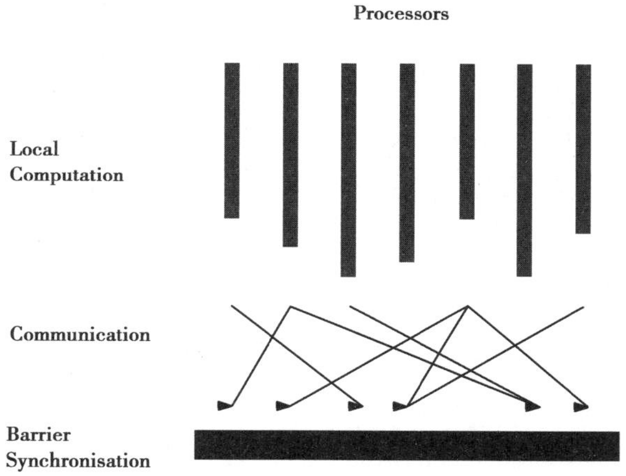

Processors

Local Computation

Communication

Barrier Synchronisation

图3-21 超步三过程

BSP模式有以下几个特点：

①将计算划分为一个一个的超步(Superstep)，有效避免死锁。

②将处理器和路由器分开，强调了计算任务和通信任务的分开，而路由器仅仅完成点到点的消息传递，不提供组合、复制和广播等功能，这样做既掩盖具体的互连网络拓扑，又简化了通信协议。

③采用障碍同步的方式、以硬件实现的全局同步和可控的粗粒度级，是执行紧耦合同步式并行算法的有效方式。

基于BSP模式，比较成熟的图计算框架有 Pregel、GraphLab 和Spark GraphX等。

3.3.4 Spark GraphX框架及编程实例

Spark GraphX是一个分布式图处理框架，它是基于Spark平台对图计算和图挖掘提供的简洁易用组件，极大地方便了对分布式图处理的需求。

众所周知，社交网络中人与人之间有很多关系链，例如Twitter、Facebook、微博和微信等，这些都是大数据产生的地方，都需要图计算。同时，现在的图处理基本都是分布式的图处理，而并非单机处理。Spark GraphX由于底层是基于Spark来处理的，所以天然就是一个分布式的图处理系统。

GraphX通过扩展Spark RDD引入了一个新的图抽象数据结构，一个将有效信息放入顶点和边的有向多重图。如同Spark的每一个模块一样，这些模块都有一个基于RDD的便于自己计算的抽象数据结构（如SQL的DataFrame，Streaming的DStream）。为了方便图计算，GraphX公开了一系列基本运算（InDegress，OutDegress，subgraph等），也有许多用于图计算算法工具包（PageRank，TriangleCount，ConnectedComponents等算法）。相对于其他分布式图计算框架，GraphX最大的贡献，也是大多数开发者喜欢它的原因，是它在Spark之上提供了一站式解决方案，可以方便且高效地完成图计算的一整套流水作业，即在实际开发中，可以使用核心模块来完成海量数据的清洗与分析阶段，用SQL模块来打通与数据仓库的通道，用Streaming打造实时流处理通道，用GraphX图计算算法来对网页中复杂的业务关系进行计算，最后使用MLlib以及SparkR来完成数据挖掘算法处理。

Spark的每一个模块，都有自己的抽象数据结构，GraphX的核心抽象是弹性分布式属性图（Resilient Distribute Property Graph），一种点和边都带有属性的有向多重图。GraphX同时拥有Table和Graph两种视图，但只需一种物理存储，这两种视图都有自己独有的操作符，从而获得灵活的操作和较高的执行效率，GraphX结构图如图3-22所示。

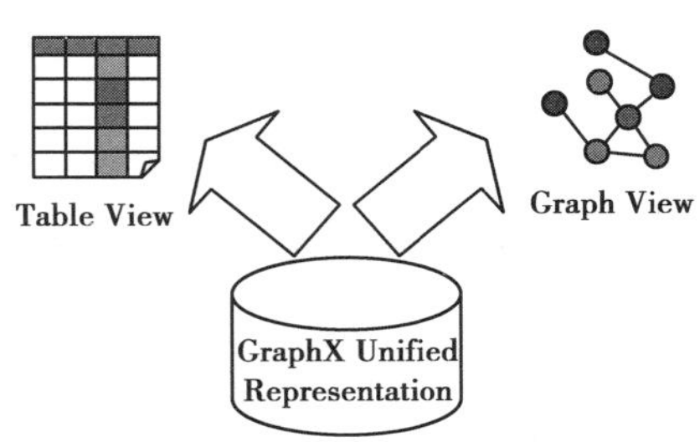

图3-22　GraphX结构图

对Graph视图的所有操作，最终都会转换成其关联的Table视图的RDD操作来完成。这样对一个图的计算，最终在逻辑上，等价于一系列RDD的转换过程。因此，Graph最终具备了RDD的3个关键特性：不可变的、分布式的和容错的，其中最关键的是不可变的。逻辑上，所有图的转换和操作都产生了一个新图。物理上，GraphX会有一定程度的不变顶点和边的复用优化，对用户透明。

两种视图底层共用的物理数据，由RDD[VertexPartition]和RDD[EdgePartition]这两个RDD组成。点和边实际都不是以表Collection[tuple]的形式存储的，而是由VertexPartition/EdgePartition在内部存储一个带索引结构的分片数据块，以加速不同视图下的遍历速度。不变的索引结构在RDD转换过程中是共用的，降低了计算和存储开销。

图的分布式存储采用点分割模式，而且使用partitionBy方法，由用户指定不同的划分策略（Partition Strategy）。划分策略会将边分配到各个EdgePartition，顶点Master分配到各个VertexPartition，EdgePartition也会缓存本地边关联点的Ghost副本。划分策略的不同会影响到所需要缓存的Ghost副本数量，以及每个EdgePartition分配的边的均衡程度，需要根据图的结构特征选取最佳策略。

图3-23为GraphX架构图，可以看出，GraphX的整体架构分为三个部分。

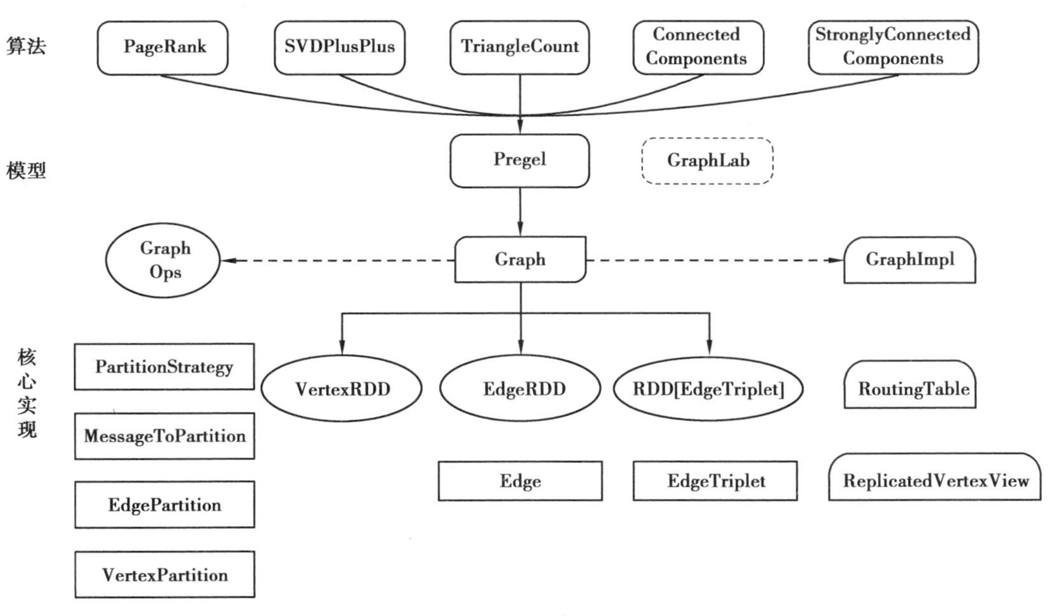

图3-23　GraphX架构

①存储层和原语层：Graph类是图计算的核心类，内部含有VertexRDD、EdgeRDD和RDD[EdgeTriplet]引用。GraphImpl是Graph类的子类，实现了图操作。

②接口层：在底层RDD的基础之上实现Pregel模型，是BSP模式的计算接口。

③算法层：基于Pregel接口实现了常用的图算法，包含：PageRank、SVDPlusPlus、TriangleCount、ConnectedComponents、StronglyConnectedConponents等算法。

GraphX内部提供了三种RDD来对一个有向多重图的属性进行描述，VertexRDD和

EdgeRDD 都继承于 RDD。属性图的每一个顶点由具有 64 位长度的唯一标识符(VertexID)作为主键,GraphX 并没有对顶点添加任何顺序的约束,每一条边都有相应的源顶点(srcVertex)和目标顶点(dstVertex)。对于属性图的改变是通过生成新的图来完成,原图的主要部分(属性和索引)会被重用,通过启发式执行顶点分区,在不同的执行器中进行顶点的划分。与 RDD 一样,当系统发生故障的时候,图中的每个分区都可以重建。

VertexRDD[A]表示具有 A 属性的顶点集合。在内部将顶点的属性集合使用一个可重复使用的暗哈希表来存储,因此当两个 VertexRDD 继承自同一个 VertexRDD 的时候,它们可以在常数时间内进行合并操作,而不需要重新去计算哈希值。

EdgeRDD[ED,VD]继承自 RDD[Edge[ED]],以各种分区策略(PartitionStrategy)将边划分为不同的块。在每个分区中,边属性和邻接结构分别存储,这使得更改属性值的时候能够实现最大限度的复用。

除了上面两种 RDD,还有一种 RDD 结构为 Triplet,它相当于在 EdgeRDD 的结构上加上了点的属性。同 VertexRDD 和 EdgeRDD 类似的,它也提供了多种常用的操作。消息通过边 triplet 的一个函数被并行计算,消息的计算既会访问源顶点特征也会访问目的顶点特征。

可见,相比较 Pregel,GraphX 具有以下优点:

①允许用户把数据当作一个图和一个集合(RDD),而不需要数据移动或者复制。

②Spark GraphX 可以无缝与 Spark SQL、MLlib 等结合,方便且高效地完成图计算整套流水作业。

如同 Spark 一样,GraphX 的 Graph 类提供了丰富的图运算符,大致结构如图 3-24 所示。可以在官方 GraphX Programming Guide 中找到每个函数的详细说明。

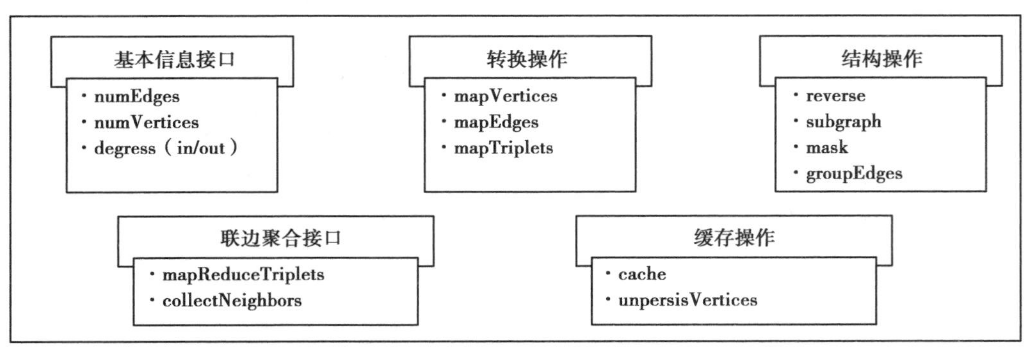

图3-24 GraphX编程接口

著名的PageRank算法就是基于GraphX框架实现的。PageRank算法即网页排名算法，是Google创始人拉里·佩奇和谢尔盖·布林于1997年构建早期的搜索系统原型时提出的链接分析算法。自从Google在商业上获得巨大成功后，该算法引起了研究者们广泛关注，其中很多重要的链接算法都是在PageRank算法基础上衍生出来的。PageRank算法是Google用来标识网页等级的重要依据，也是Google用来衡量一个站点的好坏的唯一标准。

对网页进行排名，需要有量化的依据，因此PageRank算法对每一个网页进行计算，得到一个在0到10范围内的值，即该网页的PageRank值，简称PR值。PR值越高说明该网页越受欢迎(越重要)。

PageRank算法的核心步骤如下：

第一步　初始化。

PageRank算法基于两个假设：数量假设和质量假设。首先通过链接关系构建Web图，如图3-25所示。网络中每个页面对应Web图中的一个顶点，若网页A中包含一条指向B的链接，则Web图中存在一条由顶点A指向顶点B的边。然后为Web图中的每个顶点设置初始的PR值(通常设定每个顶点的初始PR值为1/*N*，其中*N*为网络中网页的个数)。

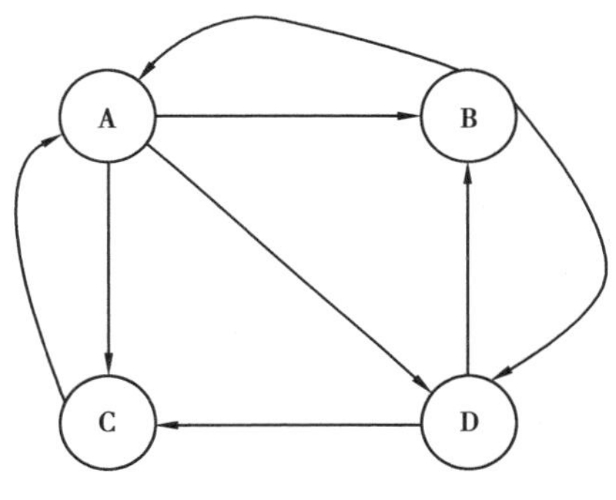

图3-25　Web图

第二步　迭代计算。

假设一个用户在访问某网页时，将其跳转到该网页上各超链接页面的概率相同。如图3-25所示，网页A链向网页B、C、D，所以根据假设，用户从A跳转到B、C、D的概率各为1/3。PageRank算法在每一轮迭代计算的过程中，首先将每个网页当前的PR值平均分配到该网页指向的超链接页面上，这样每个网页便获得了相应的权值。然后将这些权值进行求和，最后得到该网页的新PR值。当每个网页的PR值都获得更新后，就完成了一轮迭代。

第三步　结束迭代。

随着每一轮的迭代计算，网页中PR值会不断得到更新。当迭代达到一定次数，或者每个网页的PR值固定不变，再或者PR值收敛至某一范围内时，该算法停止。算法停止时每个网页的PR值就是该网页最终的PR值。

GraphX 提供了静态和动态 PageRank 的实现方法，这些方法在 PageRank 对象中。静态的 PageRank 运行固定次数的迭代，而动态的 PageRank 一直运行直到收敛为止。

3.4 大数据离线分析案例：Web 日志数据分析

3.4.1 需求描述

"Web 点击流日志"包含着网站运营很重要的信息，通过日志分析，可以知道网站的访问量，哪个网页访问人数最多，哪个网页最有价值，广告转化率、访客的来源信息，访客的终端信息等。

3.4.2 数据来源

本案例的数据主要是由用户的点击行为产生的记录数据。

获取方式：在页面预埋一段 js 程序，为页面上想要监听的标签绑定事件，只要用户点击或移动到标签，即可触发 ajax 请求到后台 servlet 程序，用 log4j 记录下事件信息，从而在 Web 服务器（Nginx、Tomcat 等）上形成不断增长的日志文件。

例如：

```
58.215.204.118 - - [18/Sep/2013:06:51:35 +0000] "GET /wp-includes/js/jquery/jquery.js?ver=1.10.2 HTTP/1.1" 304 0 "http://blog. fens. me/nodejs - socketio-chat/" "Mozilla/5.0 (Windows NT 5.1; rv:23.0)Gecko/20100101 Firefox/23.0"
```

3.4.3 数据处理

1)系统流程图

图 3-26 为 Web 日志数据分析系统的流程图，跟典型的 BI 系统类似。但是，由于本案例的前提是处理海量数据，因此流程中各环节所使用的技术则跟传统 BI 完全不同。主要包括以下五个环节。

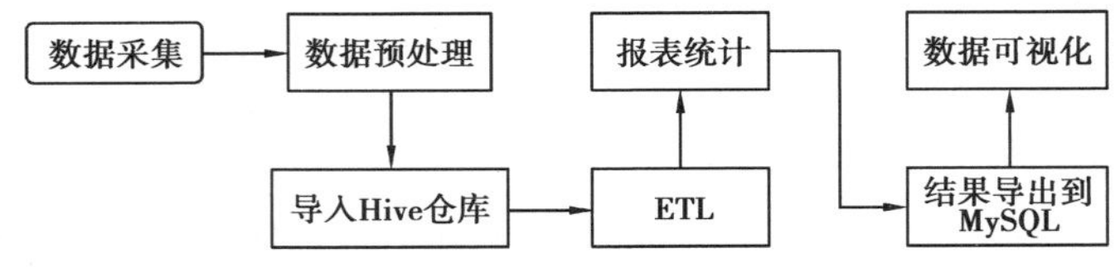

图3-26 Web日志数据分析系统流程

①数据采集：定制开发采集程序，或使用开源框架Flume。

②数据预处理：定制开发MapReduce程序运行于Hadoop集群。

③数据仓库技术：基于Hadoop之上的Hive。

④数据导出：基于Hadoop的Sqoop数据导入导出工具。

⑤数据可视化：PandaBI或使用Kettle等产品。

图3-27为Web日志数据分析系统架构图，整个流程的调度采用Hadoop生态圈的Oozie工具，也可以选用其他类似的开源调度工具。

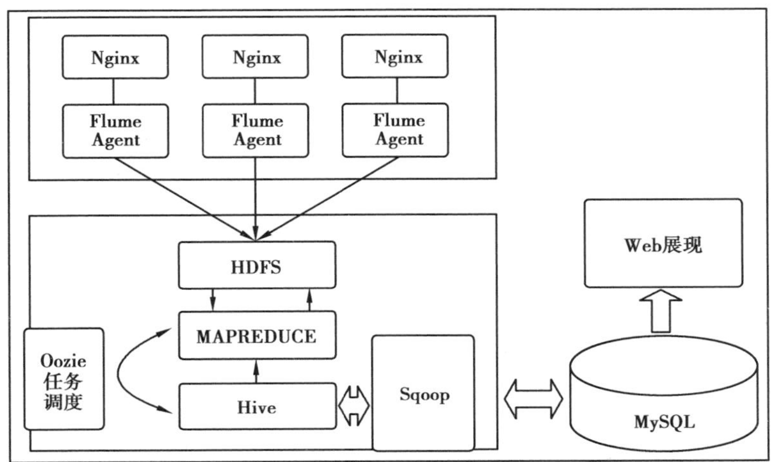

图3-27　Web日志数据分析系统架构图

2)数据处理

假设采集到的数据如下：

```
183.195.232.138 - - [18/Sep/2013: 06: 50: 16 +0000] "HEAD / HTTP/1.1" 200 20 "-"
"DNSPod-Monitor/1.0"
```

利用MapReduce清洗数据。以下是完整的程序代码。

```
package com.ll.bd;
//加载依赖包
import org.apache.hadoop.conf.Configuration;
import org.apache.hadoop.fs.Path;
import org.apache.hadoop.io.LongWritable;
import org.apache.hadoop.io.NullWritable;
import org.apache.hadoop.io.Text;
import org.apache.hadoop.mapreduce.Job;
import org.apache.hadoop.mapreduce.Mapper;
```

```
import org.apache.hadoop.mapreduce.lib.input.FileInputFormat;
import org.apache.hadoop.mapreduce.lib.output.FileOutputFormat;
import java.io.IOException;
import java.util.HashSet;
import java.util.Set;
public class WeblogPreProcess {
    static class WeblogPreProcessMapper extends Mapper<LongWritable, Text, Text,
    NullWritable> {
        //用来存储网站 url 分类数据
        Set<String> pages = new HashSet<String>();
        Text k = new Text();
        NullWritable v = NullWritable.get();
        @Override
        protected void setup(Context context)throws IOException, InterruptedException
        {
            pages.add("/about");
            pages.add("/black-ip-list/");
            pages.add("/cassandra-clustor/");
            pages.add("/finance-rhive-repurchase/");
            pages.add("/hadoop-family-roadmap/");
            pages.add("/hadoop-hive-intro/");
            pages.add("/hadoop-zookeeper-intro/");
            pages.add("/hadoop-mahout-roadmap/");
        }
        @Override
        protected void map(LongWritable key, Text value, Context context)throws
        IOException, InterruptedException {
            String line = value.toString();
            WebLogBean webLogBean = WebLogParse.parse(line);
            //过滤 js/图片/css 等静态资源
            WebLogParse.filtStaticResource(webLogBean, pages);
            /* if (!webLogBean.isValid())return; */
            k.set(webLogBean.toString());
            context.write(k, v);
        }
    }
    public static void main(String[] args)throws Exception {
        Configuration conf = new Configuration();
        Job job = Job.getInstance(conf);
        job.setJarByClass(WeblogPreProcess.class);
        job.setMapperClass(WeblogPreProcessMapper.class);
        job.setOutputKeyClass(Text.class);
```

```
        job.setOutputValueClass(NullWritable.class);
//    FileInputFormat.setInputPaths(job, new Path(args[0]));
//    FileOutputFormat.setOutputPath(job, new Path(args[1]));
        FileInputFormat.setInputPaths(job, new Path("/home/lzq/input"));
        FileOutputFormat.setOutputPath(job, new Path("/home/lzq/output"));
        job.setNumReduceTasks(0);
        job.waitForCompletion(true);
    }
}
package com.ll.bd;
import java.text.ParseException;
import java.text.SimpleDateFormat;
import java.util.Locale;
import java.util.Set;
public class WebLogParse {
    public static SimpleDateFormat df1 = new SimpleDateFormat("dd/MMM/yyyy: HH:
mm:ss", Locale.US);
    public static SimpleDateFormat df2 = new SimpleDateFormat("yyyy-MM-dd HH:
mm:ss", Locale.US);
    public static WebLogBean parse(String line){
        WebLogBean webLogBean = new WebLogBean();
        String[] arr = line.split(" ");
        if (arr.length > 11){
            webLogBean.setRemote_addr(arr[0]);
            webLogBean.setRemote_user(arr[1]);
            String time_local = formatDate(arr[3].substring(1));
            if (null == time_local)time_local = "-invalid_time-";
            webLogBean.setTime_local(time_local);
            webLogBean.setRequest(arr[6]);
            webLogBean.setStatus(arr[8]);
            webLogBean.setBody_bytes_sent(arr[9]);
            webLogBean.setHttp_referer(arr[10]);
            //如果 useragent 元素较多,拼接 useragent
            if (arr.length > 12){
                StringBuilder sb = new StringBuilder();
                for (int i = 11; i < arr.length; i++){
                    sb.append(arr[i]);
                }
                webLogBean.setHttp_user_agent(sb.toString());
            } else {
                webLogBean.setHttp_user_agent(arr[11]);
            }
```

```
                if (Integer.parseInt(webLogBean.getStatus())>= 400){//大于 400,HTTP 错误
                    webLogBean.setValid(false);
                }
                if ("-invalid_time-".equals(webLogBean.getTime_local())){
                    webLogBean.setValid(false);
                }
            } else {
                webLogBean.setValid(false);
            }
            return webLogBean;
        }
        public static void filtStaticResource(WebLogBean bean, Set<String> pages){
            if (!pages.contains(bean.getRequest())){
                bean.setValid(false);
            }
        }
        public static String formatDate(String time_local){
            try {
                return df2.format(df1.parse(time_local));
            } catch (ParseException e){
                return null;
            }
        }
    }
    package com.ll.bd;
    import org.apache.hadoop.io.Writable;
    import java.io.DataInput;
    import java.io.DataOutput;
    import java.io.IOException;
    public class WebLogBean implements Writable {
        private boolean valid = true; //判断数据是否合法
        public boolean isValid(){
            return valid;
        }
        public void setValid(boolean valid){
            this.valid = valid;
        }
        public String getRemote_addr(){
            return remote_addr;
        }
        public void setRemote_addr(String remote_addr){
            this.remote_addr = remote_addr;
```

```
}
public String getRemote_user(){
        return remote_user;
}
public void setRemote_user(String remote_user){
        this.remote_user = remote_user;
}
public String getTime_local(){
        return time_local;
}
public void setTime_local(String time_loc
        this.time_local = time_local;
}
public String getRequest(){
        return request;
}
public void setRequest(String request){
        this.request = request;
}
public String getStatus(){
        return status;
}
public void setStatus(String status){
        this.status = status;
}
public String getBody_bytes_sent(){
        return body_bytes_sent;
}
public void setBody_bytes_sent(String body_bytes_sent){
        this.body_bytes_sent = body_bytes_sent;
}
public String getHttp_referer(){
        return http_referer;
}
public void setHttp_referer(String http_referer){
        this.http_referer = http_referer;
}
public String getHttp_user_agent(){
        return http_user_agent;
}
public void setHttp_user_agent(String http_user_agent){
        this.http_user_agent = http_user_agent;
```

```
}
private String remote_addr; //记录客户端的 ip 地址
private String remote_user; //记录客户端用户名称,忽略属性"-"
private String time_local; //记录访问时间与时区
private String request; //记录请求的 url 与 http 协议
private String status; //记录请求状态;成功是 200
private String body_bytes_sent; //记录发送给客户端文件主体内容大小
private String http_referer; //记录从哪个页面链接访问过来的
private String http_user_agent; //记录客户浏览器的相关信息
@Override
public void write(DataOutput out)throws IOException {
      out.writeBoolean(this.valid);
      out.writeUTF(null == remote_addr ? "" : remote_addr);
      out.writeUTF(null == remote_user ? "" : remote_user);
      out.writeUTF(null == time_local ? "" : time_local);
      out.writeUTF(null == request ? "" : request);
      out.writeUTF(null == status ? "" : status);
      out.writeUTF(null == body_bytes_sent ? "" : body_bytes_sent);
      out.writeUTF(null == http_referer ? "" : http_referer);
      out.writeUTF(null == http_user_agent ? "" : http_user_agent);
}
@Override
public void readFields(DataInput in)throws IOException {
      this.valid = in.readBoolean();
      this.remote_addr = in.readUTF();
      this.remote_user = in.readUTF();
      this.time_local = in.readUTF();
      this.request = in.readUTF();
      this.status = in.readUTF();
      this.body_bytes_sent = in.readUTF();
      this.http_referer = in.readUTF();
      this.http_user_agent = in.readUTF();
}
@Override
public String toString(){
      StringBuilder sb = new StringBuilder();
      sb.append(this.valid);
      sb.append("\001").append(this.getRemote_addr());
      sb.append("\001").append(this.getRemote_user());
      sb.append("\001").append(this.getTime_local());
      sb.append("\001").append(this.getRequest());
      sb.append("\001").append(this.getStatus());
```

```
            sb.append("\001").append(this.getBody_bytes_sent());
            sb.append("\001").append(this.getHttp_referer());
            sb.append("\001").append(this.getHttp_user_agent());
            return sb.toString();
        }
    }
```

3.4.4　效果呈现

经过完整的数据处理流程后，会周期性输出各类统计指标的报表，在生产实践中，最终需要将这些报表数据以可视化的形式展现出来，效果如图3-28所示。

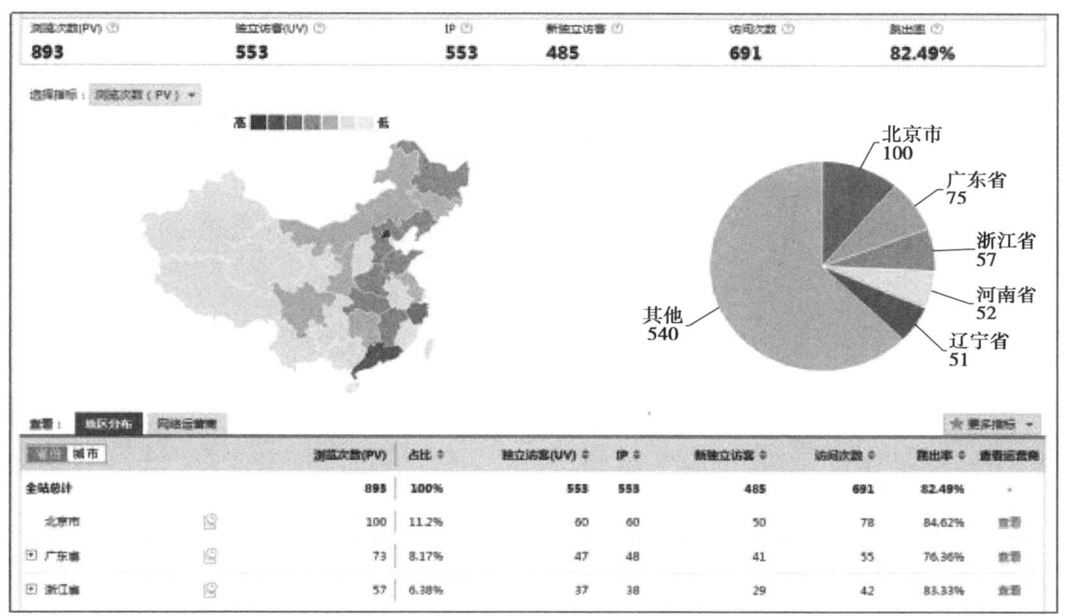

图3-28　Web日志分析效果图

3.5　本章小结

本章从大数据计算框架分类出发，介绍了大数据离线计算分析框架的应用需求，随后沿着典型的几类离线计算模式展开讲解：首先，分析了Hadoop的MapReduce计算架构及其处理流程和应用编程；然后介绍了Hive、HBase、Spark SQL以及Eagles等几种交互式计算模式及其简单应用；其次再以Spark GraphX框架为例，介绍了图并行计算框架的基本概念及其存储模式和简单应用；最后用Web日志数据分析作为本章内容的综合应用，介绍了其具体数据处理过程。

3.6 课后作业

简答题

1. 简述大数据计算框架类型。

2. 什么是批处理模式?

3. 什么是交互式计算模式?

4. 试述MapReduce的三层含义。

5. 简述MapReduce的处理流程。

6. 简述Hive的运行机制。

7. 简述HBase的存储机制。

8. 简述Spark SQL在Spark生态圈中的作用。

9. 简述图存储模式。

10. 对比分析Hadoop和Spark。

Chapter 4

第4章　大数据流式计算分析技术

- 掌握大数据流式计算思想
- 理解分布式流计算主要步骤
- 理解Storm集群架构
- 掌握Storm工作流程
- 理解Spark生态系统
- 理解Spark Streaming数据流
- 掌握Spark Streaming工作原理
- 理解内存计算

本章重点：

- 分布式流计算
- Storm流计算架构及工作流程
- Spark生态系统
- Spark Streaming流计算架构及工作原理

根据数据处理方式的不同，大数据的计算模式可以分为离线批量计算（batch computing）和流式计算（stream computing）两种形态。

如图4-1所示，离线批量计算首先进行数据的存储，然后再对存储的静态数据进行集中计算。Hadoop是典型的大数据离线批量计算架构，由HDFS分布式文件系统负责静态数据的存储，并通过MapReduce将计算逻辑分配到各数据节点进行数据计算和价值发现。

如图4-2所示，流式计算中，无法确定数据的到来时刻和到来顺序，也无法将全部数据存储起来。因此，将不再进行流式数据的存储，而是当流动的数据到来后在内存中直接进行数据的实时计算。如Twitter的Storm、Apache的Spark Streaming就是典型的流式数据计算框架，数据在任务拓扑中计算，并输出有价值的信息。

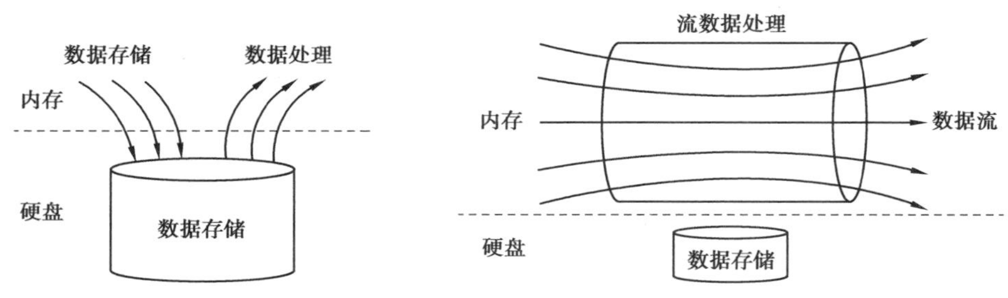

图4-1　大数据离线批量计算

图4-2　大数据流式计算

流式计算和离线批量计算适用于不同的大数据应用场景。对于先存储后计算，实时性要求不高，但对数据的准确性、全面性要求更高的大数据应用场景，更合适采用离线批量计算模式。对于无须先存储，可以直接进行数据计算，实时性要求很严格，但对数据的精确度要求稍微宽松的大数据应用场景，流式计算具有更明显的优势。

流式计算中，数据往往是最近一个时间窗口内的，因此数据延迟往往较短，实时性较强，但数据的精确程度往往较低。流式计算和离线批量计算具有明显的优劣互补特征，在多种应用场合下可以将两者结合起来使用。通过发挥流式计算的实时性优势和离线批量计算的计算精度优势，满足多种大数据应用场景在不同阶段的数据计算要求。

4.1　大数据流式计算概述

大数据时代，数据的时效性日益突出，数据的流式特征更加明显，越来越多的应用场景需要部署在流式计算平台中。传统的基于MapReduce的批处理模式难以满足大数据处理对计算实时性的要求，因此，人们开发了更为高效的流式计算系统。目前，流式计算已被广泛应用于实时统计、实时推荐、实时监控、个性化服务等场景中。

4.1.1　流式计算

流式计算是利用分布式的思想和方法，对海量“流式”数据进行实时获取、实时存储、实时处理以及实时结果缓存等操作，是大数据计算的重要组成部分。流式计算全程以数据流的形式处理数据，在数据接入端将ETL转换为数据通道，通道中流动的是“数据流”。

1)数据流

数据流是一个无限的数据序列。在现实生活中，数据流无处不在，人们日常生活相关的所有信息都是随着时间推移而不断产生的，即构成了不同的数据流。例如：学生的学习记录随着时间不断产生而构成学习数据流。在Twitter社交网络中，每时每刻都有人发送新的推文，它们构成推文数据流。

数据流是一串连续不断的数据集合，就像水管里的水流，在水管的一端一点一点地供水，而在水管的另一端看到的是一股连续不断的水流。数据写入程序可以是一段一段地向数据流管道中写入数据，这些数据段会按先后顺序形成一个长的数据流。对数据读取程序来说，看不到数据流在写入时的分段情况，每次可以读取其中的任意长度的数据，但只能先读取前面的数据后，再读取后面的数据。不管写入时是将数据分多次写入，还是作为一个整体一次写入，读取时的效果都是完全一样的。

流是磁盘或其他外围设备中存储的数据的源点或终点。在计算机上的数据有三种存储方式，一种是外存、一种是内存、一种是缓存。比如计算机上的硬盘、磁盘、U盘等都是外存，在计算机上有内存条，缓存是在CPU里面的。外存的存储量最大，其次是内存，最后是缓存，但是外存数据的读取最慢，其次是内存，缓存最快。对于内存和外存，可以简单地理解为容器，即外存是一个容器，内存又是另外一个容器。那怎样把放在外存这个容器内的数据读取到内存这个容器，以及怎样把存在内存中的数据存到外存中呢?

在C++、Python、Java等的类库中将输入输出数据抽象称为流，分别称为输入流(Input Stream)和输出流(Output Stream)，就好像水管，将两个容器连接起来。将数据从外存中读取到内存中的称为输入流，将数据从内存写入外存中的称为输出流。

流是一个很形象的概念，当程序需要读取数据的时候，就会开启一个通向数据源的流，这个数据源可以是文件、内存，或是网络连接。类似的，当程序需要写入数据的时候，就会开启一个通向目的地的流。采用数据流的目的就是使输入输出独立于设备，即输入流不关心数据源来自何种设备(键盘、文件、网络)，输出流不关心数据的目的是何种设备(键盘、文件、网络)。

流序列中的数据既可以是未经加工的原始二进制数据，也可以是经一定编码处理后符合某种格式规定的特定字符数据。因此，一般根据流中数据类型可分为字节流和字符流两种流数据。字节流:数据流中最小的数据单元是字节;字符流:数据流中最小的数据单元是字符。

2)流计算

在计算机领域,流计算是对数据流进行分析处理的技术,它以数据流为输入,通过计算分析产生有用信息的数据输出流。流计算是一种重要的大数据处理手段,其主要特点是其处理的数据是源源不断且实时到来的。

在大数据时代,由于大量的数据以极快的速度持续产生,流计算技术更多是指对流数据进行处理的并行编程范式,它采用流水线思想将计算逻辑分解为多个处理步骤,并依次对数据流中的每一个数据进行计算处理。

在流计算技术出现之前,传统的对数据流的处理方法是:先把获取的流数据存储在静态存储系统中(比如数据库、文件系统),然后再基于这些静态数据进行计算,这种计算技术本质上采用了批处理技术。真正意义的流计算技术可以对数据流中的每一个数据元素进行实时计算处理。

针对大数据的特点,对于一个流计算系统主要有以下几点需求。

(1)高吞吐

流计算系统需要在单位时间内处理大量的数据,需要具备满足大数据计算需求的高吞吐率。

(2)低延迟

流计算一般应用在对实时性要求较高的场景(例如欺诈检测实时在线交易等)。为满足流计算系统的低延迟,必须让数据在系统的各个操作间保持移动。

(3)可扩展

随着数据规模的增加,相关应用对计算系统的性能要求越来越高,流计算系统需要能够通过资源的配置来进行应对处理。

(4)高可用

由于应用需要处理的数据量过大,单机系统无法满足应用高吞吐和低时延需求,通常需要使用集群来扩展系统性能。在大规模集群中,虽然每个机器发生故障的可能性很低,但是对于整个集群来说,发生故障的可能性却很高。所以,需要保证在某个执行任务的节点故障时,系统能够自动快速地将数据恢复到错误发生以前的状态,并通过重新调配任务等方法再次计算数据,使系统恢复到正常状态,处理连续到达的流数据,保证系统的可用性。

4.1.2　分布式流计算

分布式系统是建立在网络之上的软件系统。分布式系统将一组计算机,通过网络相互连接,实现通信和消息传递,并能协调各计算机资源进行彼此交互以完成一个共同的任务的系统。一个分布式系统包括若干通过网络互联的计算机,这些计算机互相配合以完成一个共同的目标。在分布式系统上运行的计算机程序称为分布式计算程序,分布式编程就是编写上述程序的过程。

在一个分布式系统中,一组独立的计算机展现给用户的是一个统一的整体,就好像是一个系统似的。系统拥有多种通用的物理和逻辑资源,可以动态地分配任务,分散的物理和逻辑资源通过计算机网络实现信息交换。系统中存在一个以全局的方式管理计算机资源的分布式操作系统。通常,对用户来说,分布式系统只有一个模型或范型。在操作系统之上有一层软件中间件来负责实现这个模型。一个著名的分布式系统的例子是万维网,在万维网中,所有的一切看起来就好像是一个文档(Web页面)一样。

多数分布式系统是建立在计算机网络之上的,所以分布式系统与计算机网络在物理结构上是基本相同的。然而,分布式操作系统的设计思想和网络操作系统是不同的,这决定了它们在结构、工作方式和功能上也不同。网络操作系统要求网络用户在使用网络资源时需要了解网络资源,网络用户必须知道网络中各个计算机的功能与配置、软件资源、网络文件结构等情况,在网络中如果用户要读一个共享文件时,用户必须知道这个文件放在哪一台计算机的哪一个目录下。分布式操作系统是以全局方式管理系统资源的,它可以为用户任意调度网络资源,并且调度过程是“透明”的。当用户提交一个作业时,分布式操作系统能够根据需要在系统中选择最合适的处理器,将用户的作业提交到该处理程序,在处理器完成作业后,将结果传给用户。在这个过程中,用户并不会意识到有多个处理器的存在,这个系统就像是一个处理器一样。

分布式计算是一种计算方法,和集中式计算是相对的。随着计算技术的发展,有些应用需要巨大的计算能力才能完成,如果采用集中式计算,需要耗费相当长的时间来完成。分布式计算将该应用分解成许多小的部分,分配给多台计算机进行处理。这样可以节约整体计算时间,大大提高计算效率。

分布式流计算是一种面向动态数据的细粒度分布式计算模式,基于分布式内存,对不断产生的动态数据进行计算处理。其应对数据处理的快速、高效、低延迟等特性,在大数据处理中发挥越来越重要的作用。

分布式流处理通常部署于大规模集群中,通常将流数据处理过程抽象为一个有向无环图。调度算法则负责将有向无环图中的组件合理地分配至集群中的可用服务器上。

流处理系统作为流处理作业的平台，负责所有集群资源的管理和分配。对于用户提交的流处理作业，流处理系统需考虑该作业所处理的数据量及集群中不同节点的负载，并将其合理地分配到集群的不同作业节点上。分布式流计算主要包括以下四个步骤。

①数据封装。将各种来源的待处理数据封装为连续的数据流模式。

②建立应用拓扑。将应用逻辑转化为一组由起始、终止和一系列中间操作组成的应用拓扑图。

③指定操作的并行度。为了充分利用分布式集群的高并行计算能力，每个操作在系统中可以由多个线程来同时运行，提高计算的吞吐率。

④指定数据的分组和传输方式。由于操作多实例化，需要进一步指定流数据的分组和传输方式，以保证所有数据能够被正确和完整地处理。

4.2 Storm流式计算框架

4.2.1 Storm流计算概述

Storm是Twitter的开源流计算解决方案，是开发人员为弥补Hadoop的MapReduce高延迟缺陷而推出的一个免费开源的分布式流式计算框架。像Hadoop批量处理大数据一样，Storm可以实时处理大数据。

1)Storm是什么

在Storm之前，开发人员进行实时数据处理时，需要维护一堆消息队列和消费者，而这些消息队列和消费者构成了非常复杂的图结构。在数据处理进程中，消费者需要从队列里读取消息，处理完成后，去更新数据库，或者给其他队列发新消息。使得开发人员主要的时间都花费在关注往哪里发消息、从哪里接收消息、消息如何序列化等工作中，真正的业务逻辑只占了源代码的一小部分。并且一个分布式应用程序的逻辑往往是运行在很多工作机(Worker)上，这些Worker需要各自单独部署，还需要各自部署自己的消息队列，从而导致应用系统往往非常脆弱，而且不具备容错能力。

Storm完整地解决了这些问题。它是为分布式场景而生的，抽象了消息传递，会自动地在集群机器上并发地处理流式计算，让用户专注于实时处理的业务逻辑。Storm的部署管理非常简单，而且在同类的流式计算工具中，Storm的性能也是非常出众的。

Storm是一个分布式的、容错的实时计算系统，它可以方便地在一个计算机集群中编写与扩展复杂的实时计算，Storm保证每个消息都会得到快速处理。Storm之于实时处理，就好比Hadoop之于批处理。

2)Storm特点

①编程简单：开发人员只需要关注应用逻辑，而且跟Hadoop类似，Storm提供的编程原语也很简单。

②高性能、低延迟：可应用于广告搜索引擎这种要求对广告主的操作进行实时响应的场景。

③分布式：可轻松应对数据量大，单机搞不定的场景。

④可扩展：随着业务发展，数据量和计算量越来越大，系统可水平扩展。

⑤容错性：单个节点挂了不影响应用。

⑥消息不丢失：保证消息处理。

3)Storm应用

由于Storm具有处理速度快(每个节点每秒钟可以处理超过百万的数据组)、可扩展和容错能力强、容易搭建和操作等优点。所以，Storm有很多应用：实时分析、在线机器学习、连续计算、分布式远程过程调用(RPC)、ETL等。

Storm作者Nathan Marz提供了在Twitter中使用Storm的大量示例。一个最有趣的示例是生成趋势信息。Twitter从海量的推文中提取所浮现的趋势，并在本地和国家级别维护这些趋势信息。这意味着当一个案例开始浮现时，Twitter的趋势主题算法就会实时识别该主题。这种实时算法是使用Storm实现的基于Twitter数据的一种连续分析。

4)Storm对比Hadoop

表4-1简单对比了Storm和Hadoop。Hadoop无疑是大数据分析的王者，本质上是一个批量处理系统，它专注于大数据的批量处理。数据存储在Hadoop文件系统里(HDFS)，并在处理的时候分发到集群中的各个节点，当处理完成，产出的数据放回到HDFS上。在Storm上构建的拓扑处理的是持续不断的流式数据。不同于Hadoop的任务，这些处理过程不会终止，会持续处理到达的数据。

表4-1　Storm与Hadoop简单对比

解决方案	开发者	类型	描述
Storm	Twitter	流式处理	Twitter的流式处理大数据分析方案
Hadoop	Apache	批处理	MapReduce范式的第一个开源实现

Hadoop处理的是静态的数据，而Storm处理的是动态的、连续的数据。Twitter的用户每天都会发上千万的推文，所以这种处理技术是非常有用的。Storm不仅是一个传统的大数据分析系统，还是一个复杂事件处理系统的例子。复杂事件处理系统通常是面向检测和计算的，这两部分都可以通过用户定义的算法在Storm中实现。例如，复杂事件处理首先可以用来从大量的事件中区分出有意义的事件，然后对这些事件实时处理。

Storm集群和Hadoop集群表面上看很类似。但是Hadoop上运行的是MapReduce作业，而在Storm上运行的是拓扑Topology，这两者之间是非常不同的。其关键的区别是：一个MapReduce作业最终会结束，而一个Topology拓扑会永远运行(除非手动杀掉)。表4-2列出了Hadoop与Storm的角色和组件区别。

表4-2　Storm与Hadoop角色和组件对比

	Storm	**Hadoop**
系统角色	Nimbus	JobTracker
	Supervisor	TaskTracker
	Worker	Child
应用名称	Topology	Job
组件接口	Spout/Bolt	Mapper/Reducer

4.2.2　Storm流计算架构

1)Storm集群架构

Storm集群采用主从架构方式，主节点是Nimbus，从节点是Supervisor，有关调度相关的信息存储到Zookeeper集群中，Storm集群架构如图4-3所示。

①Nimbus：负责资源分配和任务调度，负责分发用户代码，指派给具体的Supervisor节点上的Worker节点，去运行Topology对应的组件(Spout/Bolt)的Task。

②Supervisor：负责接收Nimbus分配的任务，启动和停止属于自己管理的Worker进程。

③Worker：负责运行具体处理组件逻辑的进程。Worker运行的任务类型只有两种，一种是Spout任务，一种是Bolt任务。

④Zookeeper：用来协调Nimbus和Supervisor，存放如心跳信息、集群状态与配置信息等公有数据，Nimbus将分配给Supervisor的任务写入Zookeeper。

默认情况下，Storm集群有两种模式：本地模式和集群模式。

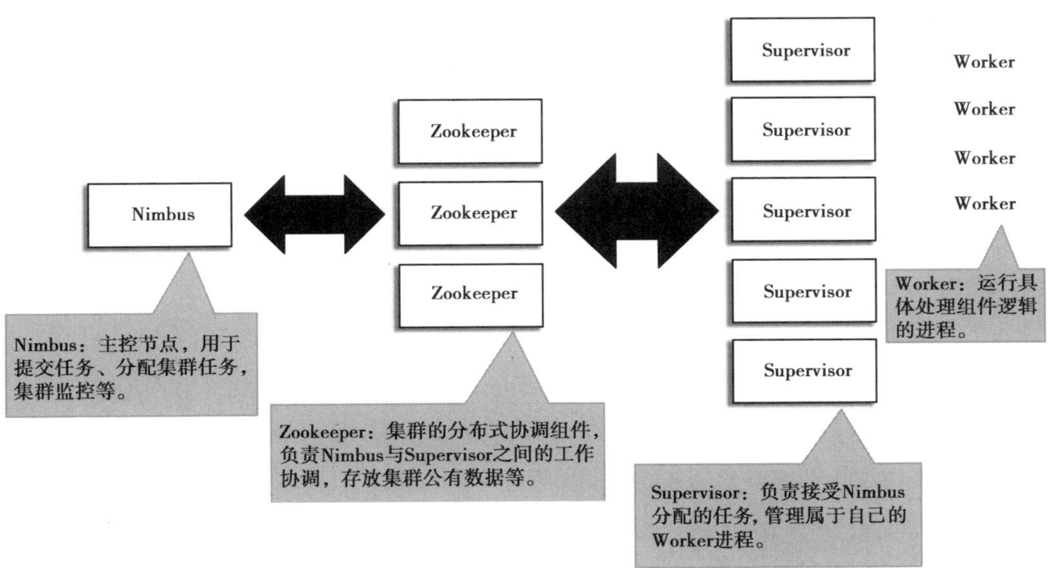

图4-3　Storm集群架构

本地模式：此模式下，Storm Topology运行在本地机器的单个JVM上。此模式主要用于开发、测试和调试，因为它是看到所有的Topology组件一起工作的最简单的方法。在这种模式下，用户可以调整参数，并能够看到Topology在不同的Storm配置环境中的运行状况。

集群模式：在这种模式下，用户提交Topology到正常工作的Storm集群上，该集群由许多进程组成，通常运行在不同的机器上。

2)术语

(1)拓扑(Topology)

一个Storm拓扑打包了一个实时处理程序的逻辑，因为各个组件间的消息流动形成逻辑上的一个拓扑结构。一个Storm拓扑跟一个MapReduce的任务(Job)是类似的，主要区别是MapReduce任务最终会结束，而拓扑任务会一直运行(当然直到杀死它)。

(2)元组(Tuple)

元组是Storm提供的一个轻量级的数据格式，可以用来包装用户需要实际处理的数据。元组是一次消息传递的基本单元。一个元组是一个命名的值列表，其中的每个值都可以是任意类型的。元组是动态地进行类型转化的，即字段的类型不需要事先声明。在Storm中编程时，就是在操作和转换由元组组成的流。通常，元组包含整数、字节、字符串、浮点数、布尔值和字节数组等类型。开发人员要想在元组中使用自定义类型，就需要实现元组自己的序列化方式。

(3)流(Stream)

流是Storm中的核心抽象。一个流由无限的元组序列组成,这些元组会被分布式并行地创建和处理。通过流中元组包含的字段名称来定义这个流。每个流声明时都被赋予了一个ID。

(4)消息源(Spout)

Spout(喷嘴,这个名字很形象),在一个Topology中产生源数据流的组件。通常情况下Spout会从外部数据源中读取数据,然后转换为Topology内部的源数据,如消息队列中读取元组数据并吐到拓扑里。Spout可以是可靠的(reliable)或者不可靠(unreliable)的。可靠的Spout能够在一个元组被Storm处理失败时重新进行处理,而非可靠的Spout只是吐数据到拓扑里,不关心处理是成功了还是失败了。

Spout是一个主动的角色,其接口中有个nextTuple函数,Storm框架会不断调用它去做元组的轮询。如果没有新的元组过来,就会直接返回,否则把新元组吐到拓扑里。nextTuple必须是非阻塞的,因为Storm在同一个线程里执行Spout的函数。

Spout可以一次给多个流吐数据。此时就需要通过OutputFieldsDeclarer的declareStream函数来声明多个流,并在调用SpoutOutputCollector提供的emit方法时指定元组吐给哪个流。

Spout中另外两个主要的函数是ack和fail。当Storm检测到一个从Spout吐出的元组在拓扑中成功处理完时调用ack,没有成功处理完时调用fail。只有可靠型的Spout会调用ack和fail函数。

(5)消息处理者(Bolt)

Bolt是在一个Topology中接受数据然后执行处理的组件。Bolt可以执行过滤、函数操作、合并、写数据库等任何操作。在拓扑中所有的计算逻辑都是在Bolt中实现的。Bolt是一个被动的角色,其接口中有个execute(Tuple input)函数,在接收到消息后会调用此函数,用户可以在其中执行自己想要的操作。一个Bolt可以处理任意数量的输入流,产生任意数量新的输出流。Bolt就是流水线上的一个处理单元,把数据的计算处理过程合理地拆分到多个Bolt,合理设置Bolt的task数量,能够提高Bolt的处理能力,提升流水线的并发度。

Bolt可以给多个流吐出元组数据。此时需要使用OutputFieldsDeclarer类的declareStream方法来声明多个流,使用OutputCollector对象来吐出新的元组,并在使用OutputColletor的emit方法时指定给哪个流吐数据。Bolt必须为处理的每个元组调用

OutputCollector的ack方法,以便于Storm知道元组什么时候被各个Bolt处理完了(最终就可以确认Spout吐出的某个元组处理完了)。通常处理一个输入的元组时,会基于这个元组吐出零个或者多个元组,然后确认(ack)输入的元组处理完了,Storm提供了IBasicBolt接口来自动完成确认。必须注意OutputCollector不是线程安全的,所以所有的吐数据(emit)、确认(ack)、通知失败(fail)必须发生在同一个线程里。

当声明了一个Bolt的输入流,也就订阅了另外一个组件的某个特定的输出流。如果希望订阅另一个组件的所有流,需要单独挨个订阅。

(6)组件(Component)

在Storm中,组件是对Bolt和Spout的统称。

(7)流分组(Stream Grouping)

定义拓扑的时候,一部分工作是指定每个Bolt应该消费哪些流。流分组定义了一个流在一个消费它的Bolt内的多个任务(Task)之间如何分组。流分组跟计算机网络中的路由功能是类似的,决定了每个元组在拓扑中的处理路线。

在Storm中有七个内置的流分组策略,可以通过实现CustomStreamGrouping接口来自定义一个流分组策略。

(8)任务(Task)

Worker中每一个Spout/Bolt的线程称为一个Task。每个Spout和Bolt会以多个任务(Task)的形式在集群上运行。每个任务对应一个执行线程,流分组定义了如何从一组任务(同一个Bolt)发送元组到另外一组任务(另外一个Bolt)上。可以在调用TopologyBuilder的setSpout和setBolt函数时设置每个Spout和Bolt的并发数。

(9)轻量级消息内核(ZeroMQ,Zero Message Queue)

ZeroMQ(ZMQ)是一个基于消息队列的多线程网络库,其对套接字类型、连接处理、帧,甚至路由的底层细节进行抽象,提供跨越多种传输协议的套接字。也可以说,ZeroMQ是一个简单好用的传输层,是个类似于Socket的一系列接口。它使得Socket编程更加简单、简洁和性能更高。ZeroMQ跟Socket的区别是:普通的Socket是端到端(1:1)的关系,而ZeroMQ却可以是N:M的关系。人们对BSD套接字的了解较多的是点对点的连接,点对点连接需要显式地建立连接、销毁连接、选择协议(TCP/UDP)和处理错误等,而ZeroMQ屏蔽了这些细节,让网络编程更为简单。ZeroMQ是一个消息处理队列库,可在多个线程、内核和主机盒之间弹性伸缩。ZeroMQ的明确目标是“成为标准网络协议栈的一部分,之后进入Linux内核”。

3)Storm流计算模型

Storm实现了一个数据流的模型，在这个模型中数据持续不断地流经一个由很多转换实体构成的网络。一个数据流的抽象叫作流，流是无限的元组(Tuple)序列。元组就像一个可以表示标准数据类型(例如int，float和byte数组)和用户自定义类型的数据结构。每个流由一个唯一的ID来标识，这个ID可以用来构建拓扑中各个组件的数据源。

Storm流计算模型图如图4-4所示，其中的水龙头(Spout)代表了数据流的来源，一旦水龙头打开，数据就会源源不断地流经Bolt而被处理。图4-4中有三个流，每个数据流中流动的是元组(Tuple)，它承载了具体的数据。元组通过流经不同的Bolt而被处理。

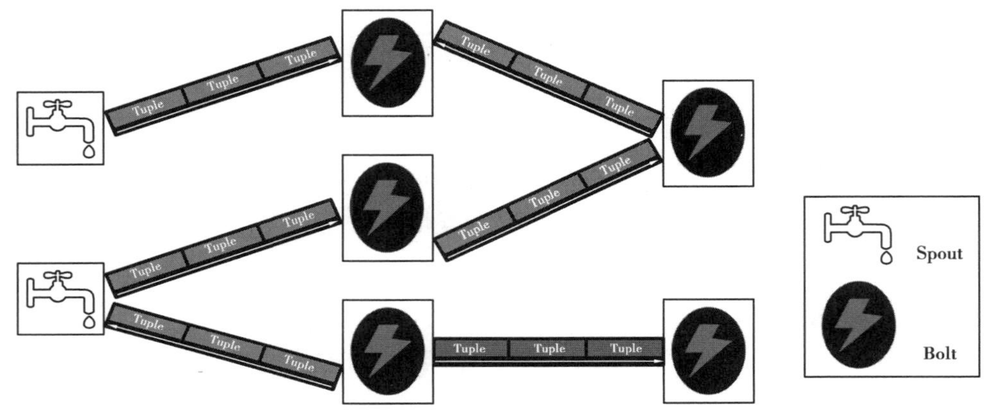

图4-4 Storm流计算模型

在Hadoop中，数据的输入输出都需要放到自己的文件系统HDFS里。而Storm可以使用任意来源的数据输入和任意的数据输出，只要实现对应的代码来获取/写入这些数据就可以。输入/输出数据可以是基于类似Kafka或者ActiveMQ这样的消息队列，也可以是数据库、文件系统等。

4.2.3 Storm工作机制

1)Storm工作流程

如图4-3所示，Storm集群由一个主节点和多个工作节点组成。主节点运行了一个名为“Nimbus”的守护进程，用于分配代码、布置任务及故障检测。每个工作节点都运行了一个名为“Supervisor”的守护进程，用于监听工作，开始并终止工作进程。两者的协调工作是由Zookeeper来完成的。Storm的工作流程如下：

第一步　客户端提交拓扑到Nimbus。

第二步　Nimbus针对该拓扑建立的目录和配置计算Task并分配Task，在Zookeeper上建立Task和Worker的对应关系。

第三步　在Zookeeper上创建Taskbeats节点来监控Task的心跳，启动Topology。

第四步　Supervisor去Zookeeper上获取分配的Tasks，启动多个Worker进程，每个Worker生成Task，一个Task一个线程，根据Topology信息初始化建立Task之间的连接。

第五步　整个拓扑运行起来。

最初，Nimbus等待"Storm拓扑"提交给它。一旦提交拓扑，Nimbus将处理拓扑并收集要执行的所有任务和任务将被执行的顺序。然后，Nimbus将任务均匀分配给所有可用的Supervisor。在特定的时间间隔，所有Supervisor将发送心跳信息给Zookeeper以告知它们仍然运行着，一旦分配给某个Supervisor的所有任务都完成后，它将等待新的任务。当某Supervisor终止并且不再发送心跳时，则Nimbus将任务分配给另外的Supervisor。当Nimbus本身终止时，Supervisor将在没有任何问题的情况下对已经分配的任务进行工作。终止的Nimbus将由服务监控工具自动重新启动，重新启动的网络将从停止的地方继续，同样，终止的Supervisor也可以自动重新启动。由于网络管理程序和Supervisor都可以自动重新启动，并且两者将像以前一样继续，因此Storm保证至少处理所有任务一次。一旦处理了所有拓扑，网络管理器将等待新的拓扑的到达。

2)Topology提交流程

如果说Spout和Bolt是Storm流计算的血肉，那么Topology就是Storm流计算的骨架，它将所有的Spout和Bolt组织在一起，构成了一套实时流处理架构。

Topology的运行有两种模式，即Storm运行有两种模式：本地模式和集群模式。

本地模式：主要用于开发测试应用程序，可以通过LocalCluster创建一个集群，代码如图4-5所示。

```
LocalCluster localCluster=new LocalCluster();

localCluster.submitTopology("LocalSumTopology",new Config(),builder.createTopology());
```

图4-5　创建本地模式提交任务

集群模式：在生产线上使用，可以定义一个Topology，然后使用StormSubmitter来提交任务，代码如图4-6所示。

```
Config conf = new Config();
conf.setNumWorkers(20);
conf.setMaxSpoutPending(5000);
StormSubmitter.submitTopology("mytopology", conf, topology);
```

图4-6　StormSubmitter提交任务

Topology的提交流程如图4-7所示。

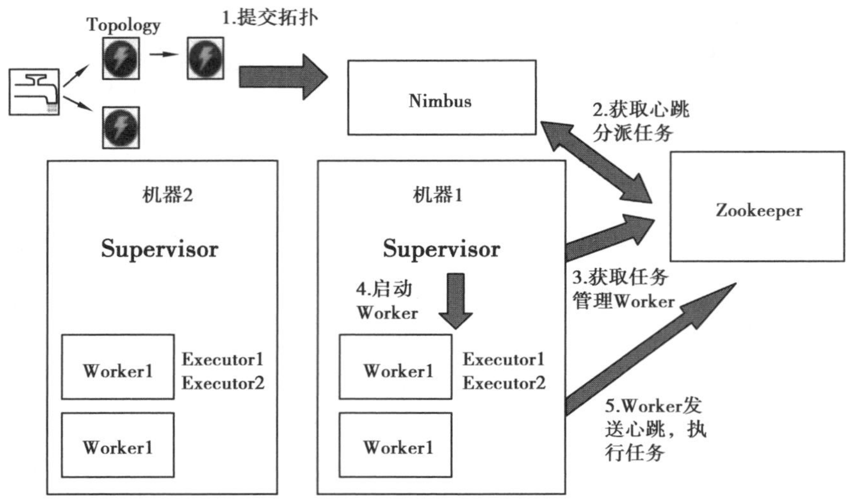

图4-7　Topology提交流程

3)Storm数据交互

图4-8是Storm的数据交互图,Nimbus和Supervisor之间没有直接交互,状态都是保存在Zookeeper上,通过Zookeeper实现交互。Worker之间通过ZeroMQ传送数据。

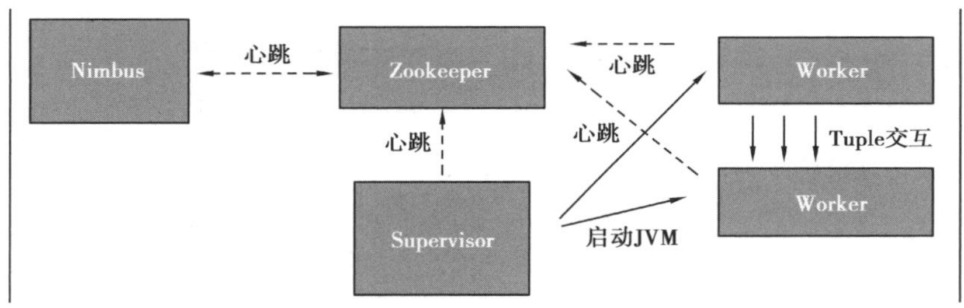

图4-8　Storm数据交互

4.2.4　Storm流计算编程案例

编写一个求和案例,Spout端不断地输入数据,从1,2,3,…,n,Bolt端接收数据进行累加计算,最后在控制台打印。

导入maven依赖,代码如图4-9所示。

```
<dependency>
        <groupId>org.apache.storm</groupId>
        <artifactId>storm-core</artifactId>
        <version>${storm.version}</version>
    </dependency>

    <dependency>
        <groupId>commons-io</groupId>
        <artifactId>commons-io</artifactId>
        <version>2.4</version>
    <dependency>
```

图4-9　导入maven依赖

本地模式程序代码如图4-10所示。

```
// 实现简单的本地求和功能
public class LocalSumTopology{
// Spout组件，产生数据并且发送
    public static class SumSpout extends BaseRichSpout{
        private SpoutOutputCollector collector;
        // 初始化操作:
// @param conf 初始化配置项，
// @param context 上下文，
// @param collector 数据发射器
        @Override
        public void open(Map conf, TopologyContext context, SpoutOutputCollector collector) {
            this.collector=collector;
        }
        int number=0;
        // 发射数据，该方法是一个死循环
        public void nextTuple() {
            // Values类实现了ArrayList
            collector.emit(new Values(++number));
            System.out.println("Spout number: "+number);
            // 防止数据产生太快，睡眠一秒
            Utils.sleep(10000);
        }
        // 定义输出端字段，@param declarer
        @Override
        public void declareOutputFields(OutputFieldsDeclarer declarer) {
            // 与上面的number变量对应
            declarer.declare(new Fields("num"));
        }
    }
    // Bolt组件，实现业务的逻辑处理，这里求和
    public static class SumBolt extends BaseRichBolt{
    // 因这里接收数据之后不需要再发送给下一个Bolt，
// 因此再初始化collector发射器。
// @paramm stormConf, @param context, @param collector
    @Override
    public void prepare(Map stormConf, TopologyContext context, OutputCollector collector) {
        }
        int sum=0;
// 执行业务逻辑的处理，该方法也是一个死循环。@param input
        @Override
        public void execute(Tuple input) {
            // 可以通过字段名或者下标索引获取
            Integer value=input.getIntegerByField("num") ;
            sum+=value;
            System.out.println("Bolt sum: "+sum);
        }
        @Override
        public void declareOutputFields(OutputFieldsDeclarer declarer) {
        }
    }
    public static void main(String[] args) {
        // 使用TopologyBuilder设置Spout和Bolt,并且将其关联在一起
        // 创建Topology
        TopologyBuilder builder=new TopologyBuilder();
        builder.setSpout("SumSpout",new SumSpout());
        builder.setBolt("SumBolt",new SumBolt());
        // 使用本地模式
        LocalCluster localCluster=new LocalCluster();
        Localcluster.submitTopology("LocalSumToplogy",new Config(),builder.creatTopology());
    }
}
```

图4-10　本地模式程序代码

程序中，数据的产生和发射由Spout组件完成，由于数据的产生和发射是无限的，所以，采用了一个死循环来进行。求和业务由Bolt组件来实现，因为一旦接收到数据就应该执行求和逻辑，所以，同样也采用了一个死循环来进行。主函数主要工作就是设置Spout和Bolt，并将二者关联，创建一个Topology。

实验七 Storm流式计算的基本应用

如果想在集群中提交该应用程序，只需要将程序中的本地模式使用StormSubmitter改为集群模式，使用命令“storm jar test.jar main.java args”，提交即可。关于Storm操作实验过程可通过扫描二维码查看。

4.3 Spark Streaming流计算框架

Hadoop、Storm和Spark是目前主流的三大分布式计算系统。Hadoop常用于离线的复杂的大数据批量处理，Storm常用于在线的实时的流式处理，Spark常用于离线化流式处理。Spark Streaming是Spark计算框架中核心的流式计算组件，它和Storm作为当今流行的流式计算框架，已经在大数据实时计算中得到广泛应用，相对于Storm而言，Spark Streaming的出现要晚一些。

4.3.1 Spark关键组件

在第3章，已经简单介绍了Spark。Spark的整个生态系统称为BDAS（Berkeley Data Analysis Stack，伯克利数据分析栈），力图在算法（Algorithms）、机器（Machines）和人（People）三者之间通过大规模集成来展现大数据应用的一个开源平台。Spark框架包含了多种计算组件，从而支持交互式计算、流式计算、机器学习等多种计算模式。

Spark使用Scala语言进行实现，它是一种面向对象、函数式编程语言，能够像操作本地集合对象一样轻松地操作分布式数据集。Spark具有运行速度快、易用性好、通用性强和随处运行等特点。

Spark生态系统包含了Spark SQL、Spark Streaming、MLlib/ML和GraphX等组件。Spark生态系统以Spark Core为核心，能够读取传统文件（如文本文件）、HDFS、Amazon S3、HyperTable和HBase等数据源，利用Standalone、YARN和Mesos等资源调度管理，完成应用程序分析与处理。正是这个生态系统实现了Spark“One Stack to Rule Them All”（一站式解决平台）目标。

1）Spark Core

Spark Core是整个Spark生态系统的核心，是一个分布式大数据处理框架。Spark

Core提供了多种资源调度管理，通过内存计算、有向无环图(DAG)等机制保证分布式计算的快速，并引入了RDD的抽象保证数据的高容错性。其具有如下一些特性：

(1)多种运行模式

Spark Core提供了多种运行模式，不仅可以使用自身运行模式处理任务，如本地模式(Local)、Standalone，而且可以使用第三方资源调度框架来处理任务，如YARN、Mesos等。相比较而言，第三方资源调度框架能够更细粒度地管理资源。

(2)DAG计算框架

Spark Core提供了有向无环图(DAG，Directed Acyclic Graph)的分布式并行计算框架，并提供内存机制来支持多次迭代计算或者数据共享，大大减少迭代计算之间读取数据的开销，这对需要进行多次迭代的数据挖掘和分析性能有极大提升。另外在任务处理过程中移动计算而非移动数据(数据本地性)。

(3)RDD弹性分布式数据集

Spark的核心是建立在统一的抽象弹性分布式数据集RDD之上的，这使得Spark的各个组件可以无缝地进行集成，能够在同一个应用程序中完成大数据处理。可以将RDD理解为一个分布式对象集合，本质上是一个只读的分区记录集合。每个RDD可以分成多个分区，每个分区就是一个数据集片段。一个RDD的不同分区可以保存到集群中的不同结点上，从而可以在集群中的不同结点上进行并行计算。RDD是Spark提供的最重要的抽象概念，它是一种有容错机制的特殊数据集合，可以分布在集群的结点上，以函数式操作集合的方式进行各种并行操作。

2)Spark SQL

在3.2.4节中，介绍了Spark SQL在大数据交互式计算中的应用。Spark SQL的前身是Shark，Shark发布前，Hive可以说是SQL on Hadoop的唯一选择，负责将SQL编译成可扩展的MapReduce作业，鉴于Hive的性能以及与Spark的兼容，Shark项目由此而生。

Shark即Hive on Spark，本质上是通过Hive的HQL解析，把HQL翻译成Spark上的RDD操作，然后通过Hive的metadata获取数据库里的表信息，物理HDFS上的数据和文件，会由Shark获取并放到Spark上运算。Shark的最大特性就是快以及与Hive的完全兼容，且可以在Shell模式下使用像rdd2sql()这样的API，把HQL得到的结果集，继续放在scala环境下运算，支持自己编写简单的机器学习或简单分析处理函数，对HQL结果进一步分析计算。

在2014年7月1日的Spark Summit上，Databricks宣布终止对Shark的开发，将重点放到Spark SQL上。Databricks表示，Spark SQL将涵盖Shark的所有特性，用户可以从Shark 0.9进行无缝升级。在会议上，Databricks表示，Shark更多是对Hive的改造，替换了Hive的物理执行引擎，因此会有一个很快的速度。然而，不容忽视的是，因为Shark继承了大量的Hive代码，因此也给它的优化和维护带来了大量的麻烦。随着性能优化和先进分析整合的进一步加深，基于MapReduce设计的部分无疑成为了整个项目的瓶颈。因此，为了更好地发展，给用户提供一个更好的体验，Databricks宣布终止Shark项目，从而将更多的精力放到Spark SQL上。

Spark SQL允许开发人员直接处理RDD，同时也可查询例如在Apache Hive上存在的外部数据。Spark SQL的一个重要特点是其能够统一处理关系表和RDD，使得开发人员可以轻松地使用SQL命令进行外部查询，同时进行更复杂的数据分析。

Spark SQL的特点：

①引入了新的RDD类型SchemaRDD，可以像传统数据库定义表一样来定义SchemaRDD，SchemaRDD由定义了列数据类型的行对象构成。SchemaRDD可以从RDD转换过来，也可以从Parquet文件读入，也可以使用HiveQL从Hive中获取。

②内嵌了Catalyst查询优化框架，在把SQL解析成逻辑执行计划之后，利用Catalyst包里的一些类和接口，执行了一些简单的计划优化，最后变成RDD的计算。

③在应用程序中可以混合使用不同来源的数据，如可以将来自HiveQL的数据和来自SQL的数据进行join操作。

3)Spark Streaming

Spark Streaming是Spark生态中对实时数据流进行高通量、容错处理的流式处理系统，可以对多种数据源（如Kdfka、Flume、Twitter、ZeroMQ和TCP套接字）进行类似map、reduce和join等复杂操作，并将结果保存到外部文件系统、数据库或应用到实时仪表盘。

相比其他的处理引擎要么只专注于流处理，要么只负责批处理（仅提供需要外部实现的流处理API接口），而Spark Streaming最大的优势是提供的处理引擎和RDD编程模型可以同时进行批处理与流处理。在后面的小节将单独介绍Spark Streaming流计算框架。

对于传统流处理中一次处理一条记录的方式而言，Spark Streaming使用的是将流数据离散化处理（Discretized Streams）的方式，通过该处理方式能够进行秒级以下的数据批处理。在Spark Streaming处理过程中，Receiver并行接收数据，并将数据缓存至Spark工作节点的内存中。经过延迟优化后，Spark引擎对短任务（几十毫秒）能够进行批处理，并且可将结果输出至其他系统中。传统连续算子模型是静态地将数据分配给一个节点进行计算，而Spark可基于数据的来源以及可用资源情况动态地将数据分配给工作节点。

4) Spark MLlib

Spark MLlib是Spark生态圈专注于机器学习的组件，让机器学习的门槛更低，让一些可能并不了解机器学习的用户也能方便地使用MLlib实现机器学习。Spark MLlib提供了一些常见的机器学习算法和实用程序，包括分类、回归、聚类、协同过滤、降维以及底层优化，同时支持算法的扩充，Spark MLlib将Spark的分布式计算应用到机器学习领域，在后续内容中将进一步介绍Spark MLlib。

5) Spark GraphX

GraphX最先是伯克利AMPLAB的一个分布式图计算框架项目，后来整合到Spark中成为一个核心组件。

在3.3.4中，已经介绍了Spark GraphX，它是Spark中用于图和图并行计算的API，跟其他分布式图计算框架相比，GraphX最大的贡献是，在Spark之上提供一站式数据解决方案，可以方便且高效地完成图计算的一整套流水作业。

4.3.2　Spark Streaming数据流

Spark Streaming是Spark核心API的一个扩展，是Spark用于实现实时流计算的核心组件。如图4-11所示，Spark Streaming支持从多种数据源获取数据，包括Kafka、Flume、HDFS/S3、Kinesis以及Twitter等，从数据源获取数据之后，可以使用诸如map、reduce、join和window等高级函数进行复杂算法的处理。最后还可以将处理结果存储到文件系统、数据库和现场仪表盘。

图4-11　Spark Streaming数据流图

1) Spark Streaming数据流处理过程

Spark Streaming在内部的处理机制是，接收实时流的数据，并根据一定的时间间隔拆分成一批批的数据，然后通过Spark Engine处理这些离散化的批数据，最终得到处理后的一批批结果数据，如图4-12所示。

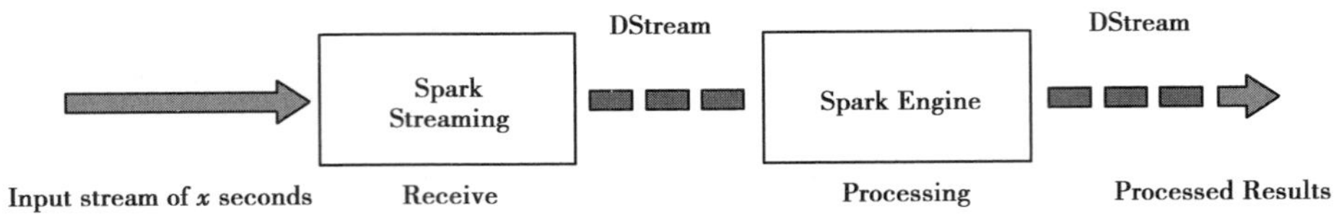

图4-12　Spark Streaming**数据流处理**

离散后的一批数据在Spark内核中对应一个RDD实例。因此,对应流数据的DStream可以看成是一组RDD,即RDD的一个序列。也就是说,在流数据分成一批一批后,通过一个先进先出的队列,然后Spark Engine从该队列中依次取出一个个批数据DStream,并把批数据封装成一个RDD,最后进行处理。这是一个典型的生产者消费者模型,对应的就有生产者消费者模型的问题,即如何协调生产速率和消费速率。

输入的数据流经过Spark Streaming的Receive,数据切分为一个个离散的DStream(DStream是Spark Streaming中流数据的逻辑抽象),然后DStream被Spark Engine(Spark Core的离线计算引擎)执行并行处理,产生结果数据流DStream输出。

简言之,Spark Streaming就是先把数据按时间切分,然后按传统离线处理方式计算。

2)基本术语

(1)离散流(Discretized Stream)或DStream

这是Spark Streaming对内部持续的实时数据流的抽象描述,即处理的一个实时数据流,在Spark Streaming中对应于一个DStream实例。

(2)批数据(Batch Data)

将实时流数据以时间片为单位进行分批,将流处理转化为时间片数据的批处理。随着持续时间的推移,这些处理结果就形成了对应的结果数据流。

(3)时间片或批处理时间间隔(BatchInterval)

这是人为地对流数据进行定量的标准,以时间片作为拆分流数据的依据。一个时间片的数据组成一个DStream,对应一个RDD实例。

(4)窗口长度(Window Length)

窗口长度是一个窗口覆盖的流数据的时间长度。它必须是批处理时间间隔的倍数。

(5)滑动时间间隔

滑动时间间隔是前一个窗口到后一个窗口所经过的时间长度。它必须是批处理时间间隔的倍数。

(6)Input DStream

一个Input DStream是一个特殊的DStream，它将Spark Streaming连接到一个外部数据源来读取数据。

3)Storm与Spark Streming比较

(1)处理模型以及延迟

虽然这两框架都提供了可扩展性(Scalability)和可容错性(Fault Tolerance)，但是它们的处理模型从根本上来说是不一样的。Storm可以实现亚秒级的时延处理，而每次只处理一条事件(Event)，而Spark Streaming却可以在一个短暂的时间窗口里面处理多条事件(Event)。所以说Storm可以实现亚秒级时延的处理，而Spark Streaming则是有一定的时延。

(2)容错和数据保证

Storm和Spark Streaming在容错数据保证上都作出了各自的权衡。但Spark Streaming在容错方面提供了对有状态的计算更好的支持。

在Storm中，每条记录在系统的移动过程中都需要被标记跟踪，所以Storm只能保证每条记录最少被处理一次，但是允许从错误状态恢复时被处理多次。这就意味着可变更的状态可能被更新两次从而导致结果不正确。Spark Streaming仅仅需要在批处理级别对记录进行追踪，所以它能保证每个批处理记录仅仅被处理一次，即使是node挂掉。尽管Storm的Trident Library可以保证一条记录被处理一次，但是它依赖于事务更新状态，而这个过程是很慢的，并且需要由用户去实现。

(3)实现和编程API

Storm主要是由Clojure语言实现的，Spark Streaming是由Scala实现的。Storm是由BackType和Twitter开发的，而Spark Streaming是由UC Berkeley开发的，它可以很好地与Spark批处理计算框架集成。

Storm提供了Java API，同时也支持其他语言的API。 Spark Streaming支持Scala和Java语言(其实也支持Python)。

(4)批处理框架集成

Spark Streaming有一个很棒的特性就是它是在Spark框架上运行的。这样就可以像使用其他批处理代码一样来写Spark Streaming程序，或者是在Spark中交互查询。减少了单独编写流批量处理程序和历史数据处理程序的工作量。

(5)生产支持

Storm已经出现好多年了,而且自从2011年开始就在Twitter内部生产环境中使用。而Spark Streaming是一个新的项目,并且在2013年仅被Sharethrough使用。

Storm是Hortonworks Hadoop数据平台中流处理的解决方案,而Spark Streaming出现在MapR的分布式平台和Cloudera的企业数据平台中。除此之外,Databricks是为Spark(包括Spark Streaming)提供技术支持的公司。

(6)集群管理集成

Storm和Spark Streaming都可以在各自的集群框架中运行,Storm也可以在Mesos上运行,而Spark Streaming也可以在YARN和Mesos上运行。

4.3.3 Spark Streaming工作原理

1)Spark Sreaming计算流程

Spark Streaming可将流式计算分解成一系列短小的批处理作业。这里的批处理引擎是Spark Core,也就是把Spark Streaming的输入数据按照Batch Size(如1秒)分成一段一段的数据DStream(Discretized Stream),每一段数据都转换成Spark中的RDD,然后将Spark Streaming中对DStream的Transformation操作变为针对Spark中对RDD的Transformation操作,将RDD操作生成的中间结果保存在内存中。整个流式计算根据业务的需求可以对中间的结果进行叠加或者存储到外部设备。图4-13为Spark Streaming的整个计算流程。

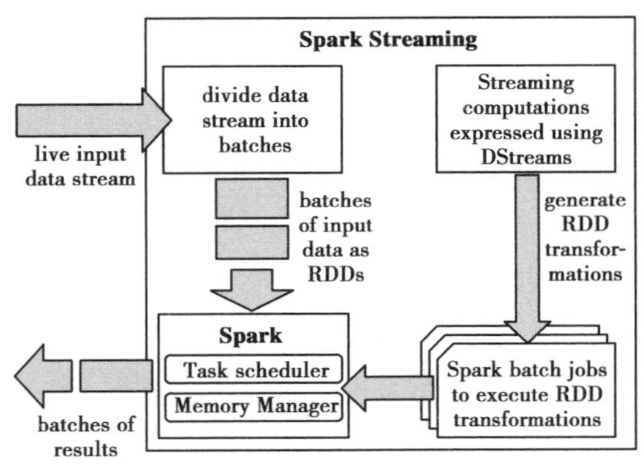

图4-13 Spark Streaming计算流程

2)Spark Sreaming容错机制

对于流式计算来说，容错性至关重要。首先要明确一下Spark中RDD的容错机制。Spark中，每个RDD都是一个不可变的分布式可重算的数据集，其记录着确定性的操作继承关系(lineage)，所以只要输入数据是可容错的，那么任意一个RDD的分区(Partition)出错或不可用，都是可以利用原始输入数据通过转换操作而重新算出。

对于Spark Streaming来说，其RDD的传承关系如图4-14所示，图中的每一个椭圆形都表示一个RDD，椭圆形中的每个圆形代表一个RDD中的一个Partition，图中的每一行的多个RDD表示一个DStream(图中有两个DStream)，而每一行最后一个RDD则表示每一个Batch Size所产生的中间结果RDD。可以看到图中的每一个RDD都是通过血统(lineage)相连接的，由于Spark Streaming输入数据可以来自磁盘，例如HDFS(多份拷贝)或是来自网络的数据流(Spark Streaming会将网络输入数据的每一个数据流拷贝两份到其他的机器)都能保证容错性，所以RDD中任意的Partition出错，都可以并行地在其他机器上将缺失的Partition计算出来。这个容错恢复方式比连续计算模型(如Storm)的效率更高。

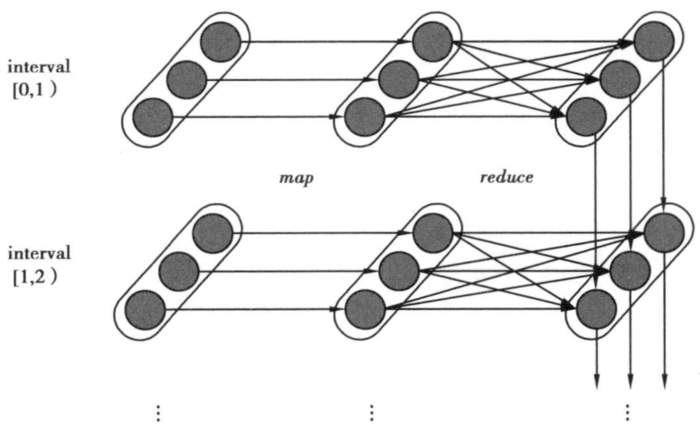

图4-14　Spark Streaming中RDD的继承关系

Spark Streaming将流式计算分解成多个Spark Job，对于每一段数据的处理都会经过Spark DAG图分解以及Spark的任务集的调度过程。对于目前版本的Spark Streaming而言，其最小的Batch Size的选取在0.5~2 s(Storm目前最小的延迟是100 ms左右)，所以Spark Streaming能够满足除对实时性要求非常高(如高频实时交易)之外的所有流式准实时计算场景。

3)Spark Sreaming工作原理

Spark Streaming的基本工作原理是将输入数据流以时间片(秒级)为单位进行拆分，

然后以类似批处理的方式处理每个时间片数据，其基本工作原理如图4-15所示。

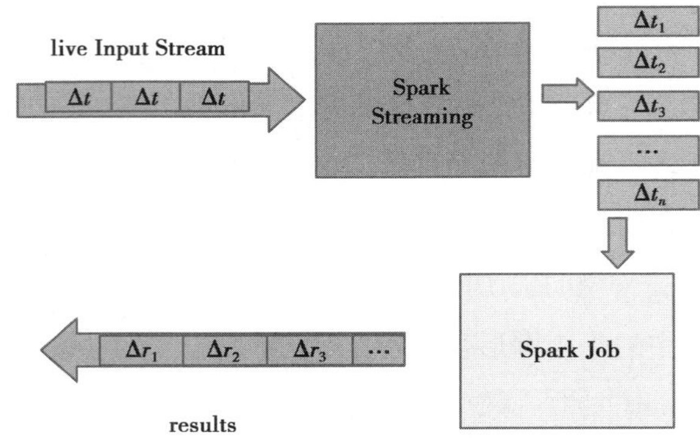

图4-15 Spark Streaming基本工作原理

首先，Spark Streaming把实时输入数据流以时间片Δt（如1 s）为单位切分成块。Spark Streaming会把每块数据作为一个RDD，并使用RDD操作处理每一小块数据。每个块都会生成一个Spark Job处理，最终结果也返回多块。

使用Spark Streaming编写的程序与编写Spark程序非常相似，在Spark程序中，主要通过操作RDD提供的接口，如map、reduce、filter等，实现数据的批处理。而在Spark Streaming中，则通过操作DStream（表示数据流的RDD序列）提供的接口实现数据处理，这些接口和RDD提供的接口类似。图4-16和图4-17展示了由Spark Streaming程序到Spark jobs的转换图。

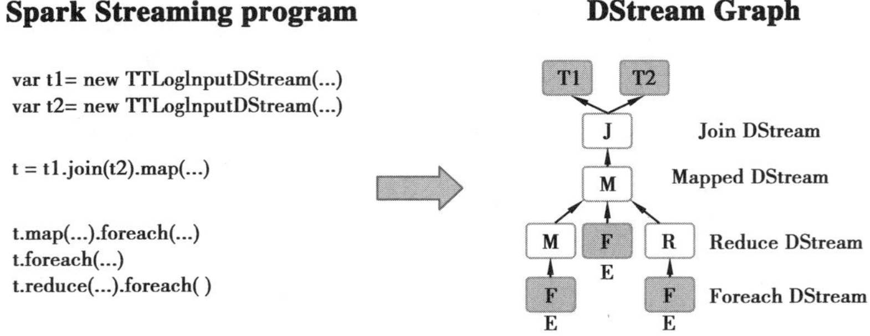

图4-16 Spark Streaming程序转换为DStream Graph

图4-17中，Spark Streaming把程序中对DStream的操作转换为DStream Graph。对于每个时间片，DStream Graph都会产生一个RDD Graph，针对每个输出操作（如print、foreach等），Spark Streaming都会创建一个Spark action，对于每个Spark action，Spark Streaming都会产生一个相应的Spark job，并交给JobManager。JobManager中维护着一个jobs队列，Spark job存储在这个队列中，JobManager把Spark job提交给Spark

Scheduler，Spark Scheduler 负责调度 Task 到相应的 Spark Executor 上执行，最后形成 Spark 的 job。

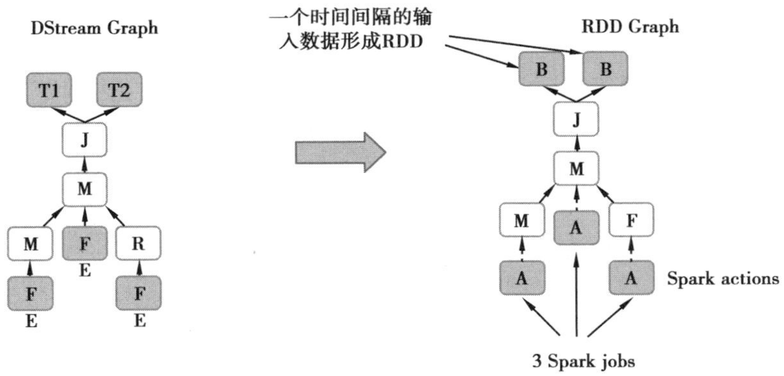

图4-17　DStream Graph转换为Spark jobs

正如Spark Streaming最初的目标一样，它通过丰富的API和基于内存的高速计算引擎让用户可以结合流式处理、批处理和交互查询等应用。因此Spark Streaming适合一些需要历史数据和实时数据结合分析的应用场合。当然，对于实时性要求不是特别高的应用也能完全胜任。另外通过RDD的数据重用机制可以得到更高效的容错处理。

4.3.4　Spark Streaming流计算编程模型

1)Spark Sreaming编程思想

DStream(Discretized Stream)作为Spark Streaming的基础抽象，它代表持续性的数据流。这些数据流既可以通过外部输入源来获取，也可以通过现有的DStream进行Transformation操作来获得。在内部实现上，DStream由一组时间序列上连续的RDD来表示。每个RDD都包含了自己特定时间间隔内的数据，如图4-18所示。

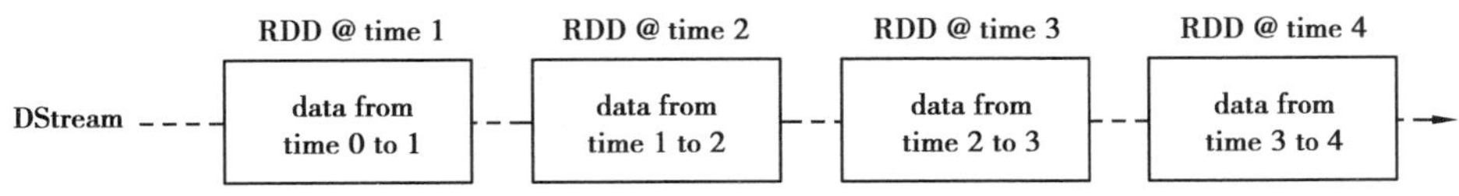

图4-18　DStream在时间轴下生成离散的RDD序列

对数据的操作也是以RDD为单位来进行的。在流数据分成一批一批后，生成一个先进先出的队列，然后Spark Engine从该队列中依次取出一个个批数据，把批数据封装成一个RDD，然后进行处理，如图4-19所示。

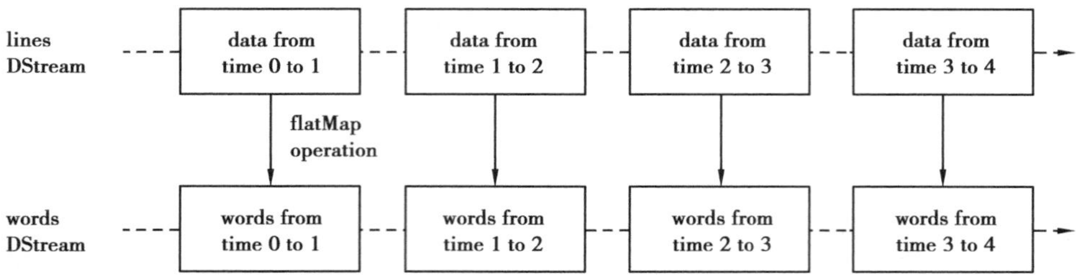

图4-19 DStream处理流程

作为构建于Spark之上的应用框架，Spark Streaming承袭了Spark的编程风格。

2)DStream输入源

在Spark Streaming中所有的操作都是基于流的，而输入源是这一系列操作的起点。输入DStreams和DStreams接收的流都代表输入数据流的来源，在Spark Streaming提供两种内置数据流来源。

(1)基础来源

在StreamingContext API中，它直接可用的来源。例如：文件系统、Socket(套接字)连接和Akka actors。

Spark Streaming提供了streamingContext.fileStream(dataDirectory)方法，可以从任何文件系统（如：HDFS、S3、NFS等）的文件中读取数据，然后创建一个DStream。Spark Streaming监控dataDirectory目录和在该目录下任何文件被创建处理(不支持在嵌套目录下写文件)。需要注意的是，读取的必须是具有相同数据格式的文件，创建的文件必须在dataDirectory目录下，并通过自动移动或重命名成数据目录。文件一旦移动就不能被改变，如果文件被不断追加，新的数据将不会被阅读。对于简单的文本文件，可以使用一个简单的方法streamingContext.textFileStream(dataDirectory)来读取数据。

Spark Streaming也可以基于自定义Actors的流创建DStream，通过Akka actors接受数据流，使用方法streamingContext.actorStream(actorProps, actor-name)。Spark Streaming使用streamingContext.queueStream(queueOfRDDs)方法可以创建基于RDD队列的DStream，每个RDD队列将被视为DStream中一块数据流进行加工处理。

(2)高级来源

可以通过额外的实用工具类来创建，如Kafka、Flume、Kinesis、Twitter等。

这一类的来源需要外部non-Spark库的接口，其中一些来源有复杂的依赖(如Kafka、Flume)。因此通过这些来源创建DStreams需要明确其依赖。例如，如果想创建一个使用

Twitter tweets的数据的DStream流，必须按以下步骤处理。

- 在SBT或Maven工程里添加spark-streaming-twitter_2.10依赖。
- 开发：导入TwitterUtils包，通过TwitterUtils.createStream方法创建一个DStream。
- 部署：添加所有依赖的jar包（包括依赖的spark-streaming-twitter_2.10及其依赖），然后部署应用程序。

需要注意的是，这些高级的来源一般在Spark Shell中不可用，因此基于这些高级来源的应用不能在Spark Shell中进行测试。如果必须在Spark Shell中使用它们，需要下载相应的Maven工程的Jar依赖并添加到类路径中。

需要重申的一点是在开始编写Spark Streaming程序之前，一定要将高级来源依赖的Jar添加到SBT或Maven项目相应的artifact中。常见的输入源和其对应的Jar包见表4-3。

表4-3 常见输入源的Jar包

Source	Artifact
Kafka	Spark-streaming-kafka_2.10
Flume	Spark-streaming-flume_2.10
Kinesis	Spark-streaming-kinesis-asl_2.10 [Amazon Software License]
Twitter	Spark-streaming-twitter_2.10
ZeroMQ	Spark-streaming-zeromq_2.10
MQTT	Spark-streaming-mqtt_2.10

另外，输入DStream也可以创建自定义的数据源，需要做的就是实现一个用户定义的接收器。

3)DStream操作

与RDD类似，DStream也提供了自己的一系列操作方法，这些操作可以分成三类：普通转换操作、窗口转换操作和输出操作。

(1)普通转换操作

DStream的普通转换操作见表4-4。

表4-4 DStream普通转换操作

转换操作	描述
map(func)	源DStream的每个元素通过函数func返回一个新的DStream
flatMap(func)	类似于map操作，不同的是每个输入元素可以被映射出0或者更多的输出元素

续表

转换操作	描述
filter(func)	在源DStream上选择func函数返回仅为true的元素,最终返回一个新的Dstream
repartition(numPartitions)	通过输入的参数numPartitions的值来改变DStream的分区大小
union(otherStream)	返回一个包含源DStream与其他DStream的元素合并后的新DStream
count()	对源DStream内部的所含有的RDD的元素数量进行计数,返回一个内部所包含的RDD只包含一个元素的DStream
reduce(func)	使用函数func(有两个参数并返回一个结果)将源DStream中每个RDD的元素进行聚合操作,返回一个内部所包含的RDD只有一个元素的新DStream
countByValue()	计算DStream中每个RDD内的元素出现的频次并返回新的DStream[(K,Long)],其中K是RDD中元素的类型,Long是元素出现的频次
reduceByKey (func, [numTasks])	当一个类型为(K,V)键值对的DStream被调用的时候,返回类型为(K,V)键值对的新DStream,其中每个键的值V都是使用聚合函数func汇总。注意:默认情况下,使用Spark的默认并行度提交任务(本地模式下并行度为2,集群模式下是由配置属性spark.default.parallelism决定的),可以通过配置numTasks设置不同的并行任务数
join (otherStream, [numTasks])	当调用类型分别为(K,V)和(K,W)键值对的DStream时,返回类型为(K,(V,W))键值对的一个新DStream
cogroup (otherStream, [num Tasks])	当调用的两个DStream分别含有(K, V)和(K, W)键值对时,返回一个(K, Seq[V], Seq[W])类型的新的DStream
transform(func)	通过对源DStream的每RDD应用RDD-to-RDD函数返回一个新的DStream,这可以用来在DStream做任意RDD操作
updateStateByKey(func)	返回一个新状态的DStream,其中每个键的状态是根据键的前一个状态和键的新值应用给定函数func后的更新。这个方法可以被用来维持每个键的任何状态数据

(2)窗口转换操作

DStream的窗口转换操作见表4-5。

表4-5　DStream窗口转换操作

转换	描述
window (windowLength, slideInterval)	返回一个基于源DStream的窗口批次计算后得到新的DStream

续表

转换	描述
countByWindow(windowLength,slideInterval)	返回基于滑动窗口的DStream中的元素的数量
reduceByWindow (func, windowLength,slideInterval)	使用函数func对基于滑动窗口对源DStream中的元素进行聚合操作,返回一个内部所包含的RDD只有一个元素的DStream,func函数必须是可交换和可并联的
reduceByKeyAndWindow (func, windowLength,slideInterval,[numTasks])	基于滑动窗口对(K,V)键值对类型的DStream中的值按K使用聚合函数func进行聚合操作,返回一个新的(K,V)类型的DStream
reduceByKeyAndWindow (func, invFunc, windowLength, slideInterval, [numTasks])	一个更高效的reduceByKkeyAndWindow()的实现版本,先对滑动窗口中新的时间间隔内数据增量聚合并移去最早的与新增数据量的时间间隔内的数据统计量。例如,计算t+4 s这个时刻过去5 s窗口的WordCount,那么可以将t+3时刻过去5 s的统计量加上[t+3,t+4]的统计量,再减去[t−2,t−1]的统计量,这种方法可以复用中间3 s的统计量,提高统计的效率
countByValueAndWindow (windowLength,slideInterval,[numTasks])	基于滑动窗口计算源DStream中每个RDD内每个元素出现的频次并返回DStream[(K,Long)],其中K是RDD中元素的类型,Long是元素频次。reduce任务的数量可以通过一个可选参数进行配置

在Spark Streaming中,数据处理是按批进行的,而数据采集是逐条进行的,因此在Spark Streaming中会先设置好批处理间隔(Batch Duration),当超过批处理间隔的时候就会把采集的数据汇总起来成为一批数据交给系统去处理。

对于窗口操作而言,在其窗口内部会有N个批处理数据,批处理数据的大小由窗口间隔(Window Duration)决定,而窗口间隔指的就是窗口的持续时间,在窗口操作中,只有窗口的长度满足了才会触发批数据的处理。除了窗口的长度,窗口操作还有另一个重要的参数就是滑动间隔(Slide Duration),它指的是经过多长时间窗口滑动一次形成新的窗口,滑动窗口默认情况下和批次间隔的相同,而窗口间隔一般设置得要比它们两个大。在这里必须注意的一点是滑动间隔和窗口间隔的大小一定得设置为批处理间隔的整数倍。

如图4-20所示,批处理间隔是1个时间单位,窗口间隔是3个时间单位,滑动间隔是2个时间单位。对于初始的窗口time 1-time 3,只有窗口间隔满足了才触发数据的处理。这里需要注意的一点是,初始的窗口有可能流入的数据没有撑满,但是随着时间的推进,窗口最终会被撑满。当每隔2个时间单位,窗口滑动一次后,会有新的数据流入窗口,这时窗口会移去最早的两个时间单位的数据，而与最新的两个时间单位的数据进行汇总形成新的窗口(time 3–time 5)。

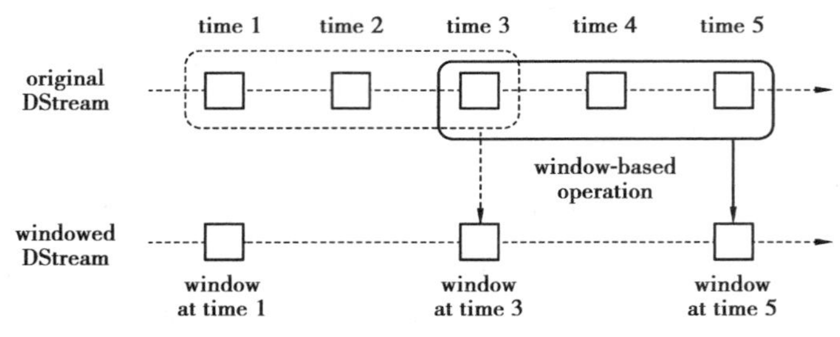

图4-20　批处理间隔示意图

对于窗口操作，批处理间隔、窗口间隔和滑动间隔是非常重要的三个时间概念，是理解窗口操作的关键所在。

(3)输出操作

Spark Streaming允许DStream的数据被输出到外部系统，如数据库或文件系统。由于输出操作实际上使转换操作后的数据可以通过外部系统被使用，同时输出操作触发所有DStream的转换操作的实际执行(类似于RDD操作)。

DStream主要的输出操作见表4-6。

表4-6　DStream输出操作

转换	描述
print()	在Driver中打印出DStream中数据的前10个元素
saveAsTextFiles(prefix, [suffix])	将DStream中的内容保存为文本文件，其中每次批处理间隔内产生的文件以prefix-TIME_IN_MS[.suffix]的方式命名
saveAsObjectFiles(prefix, [suffix])	将DStream中的内容按对象序列化并且以SequenceFile的格式保存，其中每次批处理间隔内产生的文件以prefix-TIME_IN_MS[.suffix]的方式命名
saveAsHadoopFiles(prefix, [suffix])	将DStream中的内容保存为Hadoop文件，其中每次批处理间隔内产生的文件以prefix-TIME_IN_MS[.suffix]的方式命名
foreachRDD(func)	最基本的输出操作，将func函数应用于DStream中的RDD上，这个操作会输出数据到外部系统，比如保存RDD到文件或者网络数据库等。需要注意的是func函数是在运行该streaming应用的Driver进程里执行的

4.3.5 Spark Streaming流计算编程案例

接下来以Spark Streaming官方提供的WordCount代码为例来介绍Spark Streaming的使用方式,实现代码如图4-21所示。

可以看出,代码非常简单,程序流程也非常清晰,这正好体现了Spark Streaming具有简洁易用的编程优势,下面简单介绍一下该程序的关键部分。

```
//导入spark包
import org.apache.spark._
import org.apache.spark.streaming._
import org.apache.spark.streaming.StreamingContext._

//创建一个本地 StreamingContext, 2个线程, Batch Interval 为1秒
val conf = new SparkConf().setMaster("local[2]").setAppName("NetworkWordCount")
val ssc = new StreamingContext(conf, Seconds(1))

//创建一个 DStream
val lines = ssc.socketTextStream("localhost", 9999)

// 将每行拆分为单词
val words = lines.flatMap(_.split(" "))
import org.apache.spark.streaming.StreamingContext._
// 统计每行单词数
val pairs = words.map(word => (word, 1))
val wordCounts = pairs.reduceByKey(_ + _)

// 输出
wordCounts.print()
ssc.start()              // 启动计算
ssc.awaitTermination()  // 等待计算结束

```

图4-21　Spark Streaming使用方式

1)创建StreamingContext对象

同Spark初始化需要创建SparkContext对象一样,使用Spark Streaming就需要创建StreamingContext对象。创建StreamingContext对象所需的参数与SparkContext基本一致,包括指明Master,设定名称(如NetworkWordCount)。需要注意的是参数Seconds(1),Spark Streaming需要指定处理数据的时间间隔,如上例所示的1 s,那么Spark Streaming会以1 s为时间窗口进行数据处理。此参数需要根据用户的需求和集群的处理能力进行适当的设置。

2)创建InputDStream

如同Storm的Spout,Spark Streaming需要指明数据源。如上例的socketTextStream,Spark Streaming以Socket连接作为数据源读取数据。当然Spark Streaming支持多种不同的数据源,包括Kafka、Flume、HDFS/S3、Kinesis和Twitter等数据源。

3)操作DStream

对于从数据源得到的DStream,用户可以在其基础上进行各种操作,如上例的操作就是一个典型的WordCount执行流程。对于当前时间窗口内从数据源得到的数据首先进行分割,然后利用map和reduceByKey方法进行计算,最后使用print方法输出结果。

4)启动Spark Streaming

之前所作的所有步骤只是创建了执行流程,程序没有真正连接上数据源,也没有对数据进行任何操作,只是设定好了所有的执行计划,当ssc.start()启动后,程序才真正进行所有预期的操作。

4.4 大数据内存计算框架

大数据处理就是从各种类型的海量数据中,快速获得有价值信息的过程。为了应对爆发性增长的数据量、满足实时性需求、提升性能和处理复杂数据的能力,内存计算成为一种重要的数据处理技术。它利用内存作为主要的计算和存储介质,提供了更快速、高效和灵活的数据处理方式。

4.4.1 内存计算概述

传统的数据处理方式通常会将数据存储在磁盘上,然后从磁盘读取数据进行处理。这种方式存在磁盘访问时间长的问题,限制了数据处理速度和实时性。而内存计算则将数据存储在内存中,通过直接访问内存来进行计算和分析,大幅度减少了数据访问和处理的时间。

内存计算是一种数据处理和分析的技术,具有快速响应和实时处理、高性能和可伸缩性、简化数据处理流程、支持复杂分析和即席查询等优势。

内存计算的应用场景包括实时数据分析、流式数据处理、大规模机器学习、交互式查询和搜索等领域。通过利用内存计算技术,组织和企业可以更高效地处理大数据,并实现快速、准确的决策和洞察力。

1)内存计算产品演进及分类

根据内存计算技术的发展顺序,如图4-22所示,内存计算大致可以分为四类产品。

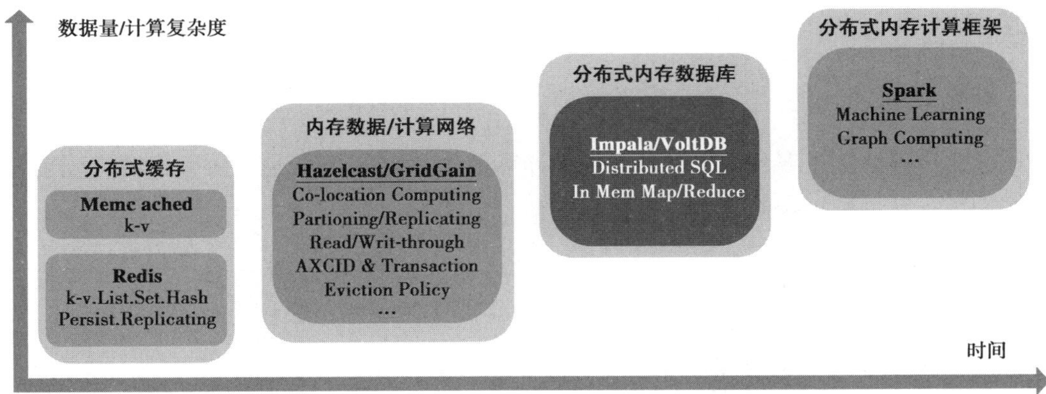

图4-22 内存计算产品

(1)分布式缓存

分布式缓存的主要使用场景就是将频繁访问的数据保存在内存中避免磁盘加载。多数产品都是分布式内存key/value存储,并提供简单的put和get方法。随着产品的不断成熟,与后端的Read/Write-through、ACID事务、复制和分区、Eviction策略等也逐渐加入到产品中,这些特性也成为了后来出现的IMDG/IMCG产品的基础。

(2)内存数据/计算网格

内存数据/计算网格的显著特性是Co-location计算,将计算过程发送到数据所在的本地执行(移动计算而非移动数据),这是内存数据/计算网格的关键创新点,在数据量不断增长的情况下通过大量移植数据而进行的计算已经变得不现实了。这种创新促进了内存计算从简单的缓存产品进化的同时,也激发了后来分布式内存数据库的诞生。

(3)分布式内存数据库

分布式内存数据库的显著特性是增加了基于标准SQL或MapReduce的MPP(大规模并行处理)能力。如果说数据网格的核心是解决数据量不断增长下计算的困境,那么分布式内存数据库就是解决计算复杂度不断增长的困境。它提供了分布式SQL、复杂(分布式共享)索引、MapReduce处理等工具。

(4)分布式内存计算框架

Spark是典型的分布式内存计算系统,是一种基于内存的迭代计算框架,适用于需要多次操作特定数据集的应用场合。分布式内存计算框架对于需要反复操作的次数越多、所需读取的数据量越大的应用,其受益越大;对于数据量小但是计算密集度较大的应用,其受益就相对较小。分布式内存计算不仅支持“map”和“reduce”,它还支持SQL查询、流数据、机器学习(ML)和图算法。

2)核心技术

因为内存计算主要释放了云计算中的计算部分的能量,所以它主要涉及并行/分布式计算和内存数据管理这两大方面的技术体系。

①并行/分布式计算技术体系主要包括:网络拓扑、RPC通信、系统同步、持久化、日志。

②内存数据管理技术体系主要包括:字典编码、数据压缩、内存中数据格式、数据操作、内存索引、内存中并发控制和事务。

3)应用场景

内存计算产品可以应用到大数据处理的各个环节上。

①事务处理:主要分为Cache(Memcached, Redis, GemFire)、RDBMS、NewSQL(以VoltDB为首的)三部分,缓存和NewSQL数据库是关注的重点。

②流式处理:Storm本身只是计算的框架,而Spark-Streaming才实现了内存计算式的流处理。

③通用处理:MapReduce、Spark。

④查询:Hive、Pig、Spark-Shark。

⑤数据挖掘:Mahout、Spark-MLlib和Spark-GraphX。

4.4.2 内存计算中分布式缓存体系

在大数据应用中,经常要重复从数据库中取出相同的数据,这种重复极大地增加了数据库的负载,分布式缓存是解决这个问题的好办法。

图4-23是一个简单的分布式缓存系统。在用户第一次发送请求时,从RDBMS中获取数据并返回,同时将数据保存在分布式缓存系统中;当用户再次发送请求时直接从缓存中获取,以提高性能。

一般大数据应用场景下,80%的访问量都集中在20%的热数据上(适用二八原则)。因此,通过引入缓存组件,将高频访问的数据,放入缓存中,可以大大提高系统整体的承载能力,使得原有单层DB的数据存储结构,变为Cache+DB的数据存储结构,如图4-24所示。

通过在数据层引入缓存,可以提升数据读取速度,通过扩展缓存,提升系统承载能力,Cache+DB的方式可以承担原有需要多台DB才能承担的请求量,节省机器成本。

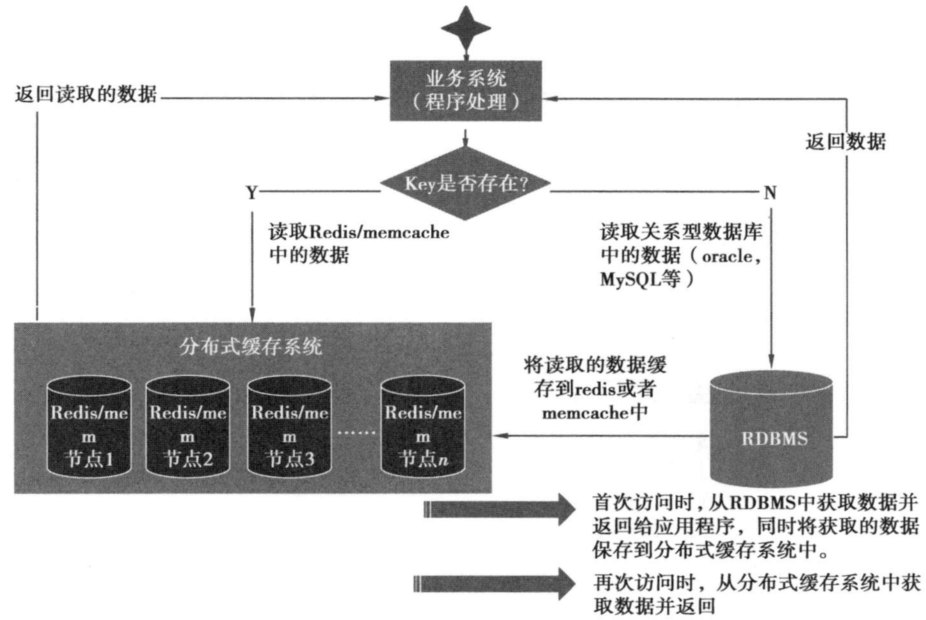

图4-23　分布式缓存系统

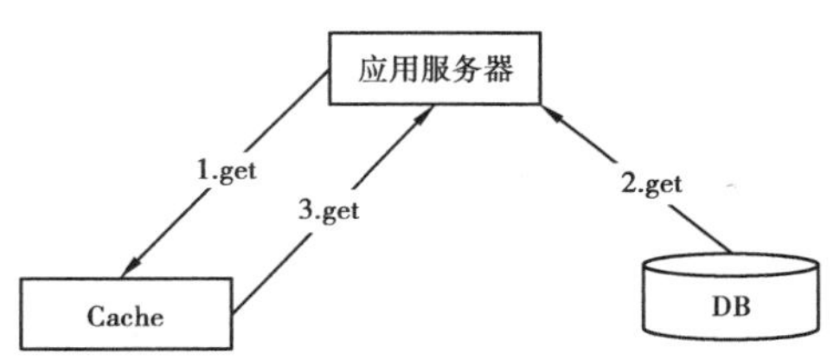

图4-24　Cache+DB数据存储

在大数据应用广泛应用的缓存系统有Memached、Redis、MongoDB等，下面简单介绍一下Redis缓存机制。

Redis是一款开源的、基于BSD许可的、高级键值对缓存和存储系统，在应用级缓存中的作用举足轻重，例如，新浪微博当前在使用并维护着可能是世界上最大的Redis集群。

Redis支持主从同步，数据可以从主服务器向任意数量的从服务器同步，从服务器可以是关联其他从服务器的主服务器，这使得Redis可执行单层树状复制。

由于完全实现了发布/订阅机制，因此数据库在任何地方同步树的时候，都可订阅一个频道并接收主服务器完整的消息发布记录。同步对读取操作的可扩展性和数据冗余很有帮助。

Redis 3.0版本加入cluster功能，解决了Redis单点无法横向扩展的问题。Redis集群采用无中心节点方式实现，无须proxy代理，客户端直接与Redis集群的每个节点连接，根据同样的哈希算法计算出key对应的slot，然后直接在slot对应的Redis上执行命令。

在Redis看来，响应时间是最苛刻的条件，增加一层带来的开销是不能接受的。因此，Redis实现了客户端对节点的直接访问，为了去中心化，节点之间通过gossip协议交换互相的状态，以及探测新加入的节点信息。

Redis集群支持动态加入节点，动态迁移slot，以及自动故障转移。

图4-25为一个使用了Redis集群和其他多种缓存技术的应用系统架构。

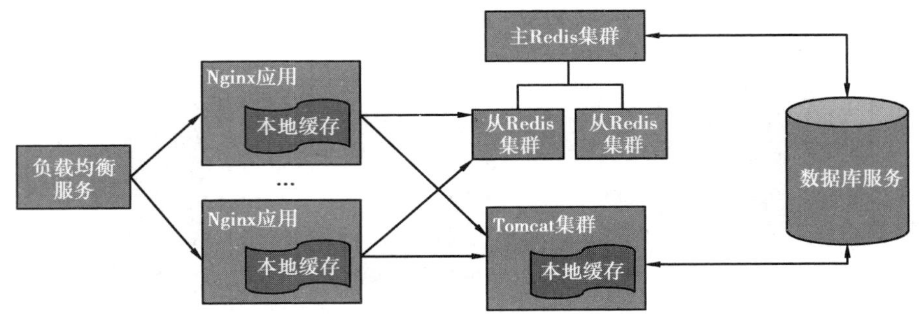

图4-25　基于Redis的多级缓存

首先，用户的请求被负载均衡服务分发到Nginx上，然后Nginx应用服务器读取本地缓存，如果本地缓存命中则直接返回。

Nginx应用服务器使用本地缓存可以提升整体的吞吐量，降低后端的压力，尤其应对热点数据的反复读取问题非常有效。

如果Nginx应用服务器的本地缓存没有命中，就会进一步读取相应的分布式缓存——Redis分布式缓存的集群，可以考虑使用主从架构来提升性能和吞吐量，如果分布式缓存命中则直接返回相应数据，并回写到Nginx应用服务器的本地缓存中。

如果Redis分布式缓存也没有命中的时候，则会回源到Tomcat集群。当然，如果Redis分布式缓存没有命中的话，Nginx应用服务器还可以再尝试一次读主Redis集群操作，目的是防止当从Redis集群有问题时可能发生的流量冲击。

在Tomcat集群应用中，首先读取本地平台级缓存，如果平台级缓存命中则直接返回数据，并会同步写到主Redis集群，然后再同步到从Redis集群。

此处可能存在多个Tomcat实例同时写主Redis集群的情况，可能会造成数据错乱，需要注意缓存的更新机制和原子化操作。

如果所有缓存都没有命中，系统就只能查询数据库或其他相关服务获取相关数据并返回，当然，人们知道数据库也是有缓存的。

整体来看，这是一个使用了多级缓存的系统。Nginx应用服务器的本地缓存解决了热点数据的缓存问题，Redis分布式缓存集群减少了访问回源率，Tomcat应用集群使用的平台级缓存防止了相关缓存失效或崩溃之后的冲击，数据库缓存提升数据库查询时的效率。正是多级缓存的使用，才能保障系统具备优良的性能。

4.4.3 内存数据库

关系型数据库处理永久、稳定的数据,内存数据库将数据放在内存中,活动事务只与内存数据打交道,所以数据处理速度得到极大提升。但内存数据库不容易恢复,可能出现暂时不一致或非绝对正确,同时,要求系统拥有较大的内存量,64位操作系统可以支持2 TB级的地址空间,为内存数据库的实现提供了可能。

内存处理可以去除硬盘读写开销,提高处理速度。内存数据库的产生得益于计算机体系结构和硬件技术的巨大发展:GPU多核芯片+多级高速缓存+大容量内存+大容量硬盘SSD。

内存数据库,就是将数据放在内存中直接操作的数据库。相对于磁盘,内存的数据读写速度要高出几个数量级,将数据保存在内存中相比从磁盘上访问能够极大地提高应用性能。

内存数据库抛弃了磁盘数据管理的传统方式,基于全部数据都在内存中,重新设计了体系结构,并且在数据缓存、快速算法、并行操作方面也进行了相应的改进,所以数据处理速度比传统磁盘数据库的数据处理速度要快很多,一般都在10倍以上。内存数据库的最大特点是其“主拷贝”或“工作版本”常驻内存,即活动事务只与实时内存数据库的内存拷贝打交道。

假设有数据库系统DBS,DB为DBS中的数据库,DBM(t)为在时刻t,DB在内存的数据集,DBM(t)属于DB。TS为DBS中所有可能的事务构成的集合。AT(t)为在时刻t处于活动状态的事务集,AT(t)属于TS。Dt(T)为事务T在时刻t所操作的数据集,Dt(T)属于DB。若在任意时刻t均有:任意T隶属于AT(t)且Dt(T)隶属于DBM(t),则称DBS为一个**内存数据库系统**,简称为MMDBS;DB为一个**内存数据库**,简称为MMDB。

内存数据库常见的例子有MySQL的MEMORY存储引擎、eXtremeDB、TT、FastDB、SQLite、Microsoft SQL Server Compact等。

MMDB除了具有一般数据库的特征,还具有自己的特殊性质,其关键技术的实现具有特殊性。MMDB关键技术有:

①数据结构。

②MMDB索引技术。

③查询处理与优化。

④事务管理。

⑤并发控制。

⑥数据恢复。

先进的数据库应用程序越来越注重对内存的访问效率,因此高性能的数据库系统必须最大限度地利用处理器缓存,将可能被用到的数据缓存在多层次的缓存中。数据放置的位置对于缓存的利用优化尤其重要。选择好的数据存放方案,改进数据分布的空间局部性,能够提高对缓存的利用率和性能的提升。

4.4.4 Spark SQL在内存计算中的应用

Spark SQL可以通过cacheTable将数据存储转换为列式存储,同时将数据加载到内存进行缓存。cacheTable相当于分布式集群的内存物化视图,将数据进行缓存,这样迭代的或者交互式的查询不用再从HDFS读数据,直接从内存读取数据大大减少了I/O开销。并且由于cacheTable是数据类型相同的数据连续存储,能够利用序列化和压缩减少内存空间的占用。

Spark SQL的cache可以使用两种方法来实现:CacheTable()方法和CACHE TABLE命令。

千万不要先使用cache SchemaRDD,然后registerAsTable;使用RDD的cache()将使用原生态的cache,而不是针对SQL优化后的内存列存储。

第一步　对rddTable表进行缓存。

```
//cache 使用
scala>val sqlContext=new org.apache.spark.sql.SQLContext(sc)
scala>import sqlContext.createSchemaRDD
scala>case class Person(name:String,age:Int)
scala>val rddpeople=sc.textFile("hdfs://hadoop1:9000/class6/people.txt").map(_.split(",")).
map(p=>Person(p(0),p(1).trim.toInt))
scala>rddpeople.registerTempTable("rddTable")
scala>sqlContext.cacheTable("rddTable")
scala>sqlContext.sql("SELECT name FROM rddTable WHERE age >= 13 AND age <=
19").map(t => "Name: " + t(0)).collect().foreach(println)
```

在监控界面上可以看到该表数据已经缓存。

第二步　对parquetTable表进行缓存。

```
scala>val parquetpeople = sqlContext. parquetFile("hdfs://hadoop1: 9000/class6/people.
parquet")
scala>parquetpeople.registerTempTable("parquetTable")
scala>sqlContext.sql("CACHE TABLE parquetTable")
scala>sqlContext.sql("SELECT name FROM parquetTable WHERE age >= 13 AND age <
= 19").map(t => "Name: " + t(0)).collect().foreach(println)
```

在监控界面上可以看到该表数据已经缓存。

第三步　解除缓存。

```
//uncache 使用
scala>sqlContext.uncacheTable("rddTable")
scala>sqlContext.sql("UNCACHE TABLE parquetTable")
```

4.5　大数据流式计算应用案例:Storm单词计数

4.5.1　功能描述

设计一个Topology,来实现对文档里面的单词出现的频率进行统计。

整个Topology分为三个部分。

RandomSentenceSpout:数据源,在已知的英文句子中,随机发送一条句子出去。

SplitSentenceBolt:负责将单行文本记录(句子)切分成单词。

WordCountBolt:负责对单词的频率进行累加。

4.5.2　关键代码

创建一个Topology,使用RandomSentenceSpout类随机发出一条一条句子,使用SplitSentenceBolt类将一行一行的文本内容切割为单词,使用WordCountBolt类对单词的出现频率进行累加。启动Topology配置,这里将TOPOLOGY_DEBUG(setDebug)设置为true,这样Storm会记录下每个组件所发射的每条信息,这对于本地调试非常有用,可以帮助开发者跟踪捕获差错,但是如果是线上调试,这样会产生大量数据信息,将明显降低整个系统的运行性能。本案例中申请了3个工作进程来执行该Topology,最后向Storm集群提交Topology,以实现单词计数,代码如图4-26所示。

```
// 使用TopologyBuilder构建一个Storm拓扑
TopologyBuilder builder = new TopologyBuilder();
// 使用RandomSentenceSpout类,
// 在已知的英文句子中，随机发出一条句子
builder.setSpout("spout",new RandomSentenceSpout(),5);
// 使用SplitSentenceBolt类，将一行一行的文本内容切割成单词
builder.setBolt("split",new SplitSentenceBolt(),8).shuffleGrouping("spout");
// 使用WordCountBolt类，对单词的出现频率进行累加
Builder.setBolt("count",new WordCountBolt(),12).fieldsGrouping("split",new Fields("word"));
//启动topology的配置信息
config conf = new Config();
// 将TOPOLOGY_DEBUG(setDebug)设置为true,
// 这样storm会记录下每个组件所发射的每条消息。
// 这对于本地调试topology很有用,
// 但是在线上调试时会影响性能。
conf.setDebug(true);
//定义你希望集群分配给你来执行这个topology的工作进程数
conf.setNumWorkers(3);
//向集群提交topology
StormSubmitter.submitTopologyWithProgressBar(args[0],conf,builder.createTopology());
```

图4-26　单词计数实现代码

4.5.3 RandomSentenceSpout的实现及生命周期

RandomSentenceSpout类为整个Topology产生数据源。在已知的英文句子中,随机发送一条句子出去,代码如图4-27所示。

```
public class RandomSentenceSpout extends BaseRichSpout{
    Private static final long serialVersionUID = 5028304756439810609L;
    //用来收集Spout输出的tuple
    SpoutOutputCollector collector;
    Random rand;
    //该方法调用一次，主要由storm框架传入SpoutOutputCollector
    Public void open(Map conf,TopologyContext context,
            SpoutOutputCollector collector){
        this.collector = collector;
        rand = new Random();
}
//该方法会被循环调用
    public void nextTuple(){
        String[] sentences = new String[]{"the cow jumped over the moon",
                "an apple a day keeps the doctor away",
                "four score and seven years ago",
                "snow white and the seven dwarfs",
                "i am at two with nature"};
        String sentence = sentences[rand.nextInt(sentences.length)];
        Collector.emit(new Values(sentence));
}
//消息源可以发射多条消息流strenm。多条消息流可以理解为多种类型的数据。
    public void declareOutputFields(OutputFieldsDeclare declarer){
        declarer.declare(new Fields("sentence"));
}
}
```

图4-27　随机发送句子实现代码

4.5.4 SplitSentenceBolt的实现及生命周期

SplitSentenceBolt类负责将接收的句子切分成单词,代码如图4-28所示。

```
public class SplitSentenceBolt extends BaseBasicBolt{
    private static final long serialVersionUID = -5283595260540124273L;
    //该方法用来初始化，只会被调用一次
    public void prepare(Map stormCont,TopologyContex context){
        super.prepare(stormCont,context);
    }
    //接受的参数是RandomSentenceSpout发出的句子，
    //即input的内容是句子execute方法，将句子切割形成的单词发出
    public void execute(Tuple input,BasicOutputCollector collector){
        String sentence = input.getString(0);
        String[] words = sentence.split(" ");
        for (String word : words){
            word = word.trim();
            if (!word.isEmpty()){
                word = word.toLowerCase();
                Collector.emit(new Values(word));
            }
        }
    }
    //消息源可以发射多条消息流strenm。多条消息流可以理解为多种类型的数据。
    public void declareOutputFields(OutputFieldsDeclare declarer){
        declarer.declare(new Fields(word));
    }
}
```

图4-28　句子切分单词实现代码

4.5.5 WordCountBolt的实现及生命周期

WordCountBolt类负责对单词的频率进行累加,代码如图4-29所示。

```
public class WordCountBolt extends BaseBasicBolt{
    private static final long serialVersionUID = 5678586644899822142L;
    //用来保存最后计算的结果key=单词,value=单词个数
    Map<String,Integer> counters = new HashMap<String,Integer>();
    //该方法用来初始化，只会被调用一次
    pulic void prepare(Map stormConf,TopologyContext context){
        super.prepare(stormConf,context);
    }
    //将collector中的元素存放在成员变量counters(Map)中
    //如果counters(Map)中已经存在该元素，getValue对Value进行累加
    public void excute(Tuple input,BasicOutputCollector collector){
        String str = input.getString(0);
        if (!counters.containsKey(str)){
            counters.put(str,1);
        } else {
            Integer c = counters.get(str)+1;
            Counters.put(str,c);
        }
        System.out.println(counters);
    }
    public void declareOutputFields(OutputFieldsDeclare declarer){
        //TODO Auto-generated method stub
        }
}
```

图4-29　单词频率累加实现代码

4.6　本章小结

本章首先对比了大数据离线批量计算和流式计算各自特点及应用场景;然后,简单概述了大数据流式计算技术,分析了Spark生态系统;较全面地介绍了目前应用最为广泛的两种大数据流式计算框架:Storm和Spark Streaming。

对于Storm流式计算,本章分析了其框架和工作机制,讲解了Storm计算模型和Topology提交流程,并以一个简单的数字求和案例介绍了Storm编程。对于Spark Streaming流式计算,本章首先分析了其工作原理,其次介绍了Spark Streaming数据流处理流程,再次讲解了Spark Streaming编程思想和对DStream的操作方法,最后以WordCount为例介绍了Spark Streaming的使用方式。

本章还介绍了大数据内存计算框架,讲解了内存计算中的分布式缓存体系及内存数据库,并对Spark SQL的cache使用方法进行了介绍,最后还介绍了在Storm下单词计数案例的实现。

4.7 课后作业

一、简答题

1. 对比大数据离线批量计算与流式计算的特点及应用场景。

2. 什么是分布式流式计算？

3. 简述分布式流式计算主要步骤。

4. 试述Storm架构及工作机制。

5. 简述Topology提交流程。

6. 试述大数据内存计算框架。

7. 简述Spark Streaming数据处理流程。

8. 简述Spark Streaming编程思想。

9. 试比较Storm和Spark Streaming。

10. 简述Spark生态系统。

二、术语解释

1.Topology

2.Stream

3.Spout

4.Bolt

5.Nimbus

6.Supervisor

7.Worker

8.DStream

9.RDD

Chapter 5

第5章　机器学习在大数据计算分析中的应用

- 掌握机器学习的概念
- 理解人工智能、机器学习与深度学习的内在关系
- 掌握机器学习类型
- 理解Spark MLBase分布式机器学习系统
- 了解Spark MLlib常用算法
- 掌握TensorFlow编程思想
- 理解TensorFlow架构

本章重点：

- 机器学习的概念
- Spark MLlib机器学习库
- TensorFlow计算框架

进入大数据时代，产生数据的能力空前高涨，如互联网、移动网、物联网、成千上万的传感器、穿戴设备、GPS等。与此同时，存储数据、处理数据等能力也呈几何级数地提升，如Hadoop、Spark技术为人们的存储、处理大数据提供有效方法。然而，大数据转变为知识或生产力，离不开机器学习（Machine Learning, ML），在大数据上进行机器学习，需要处理大量数据并进行大量的迭代计算，这要求机器学习平台具备强大的处理能力。很多机器学习平台，因为训练过程涉及巨大的数据集的模型，机器学习平台往往是分布式的，它们往往会使用并行的几十个或几百个工作器来训练模型。机器学习任务正在成为数据中心运行的主要任务。前面章节介绍了Spark，它立足于内存计算，是天然的迭代式计算平台，而且Spark提供了性能优良的机器学习库Spark MLlib。

机器学习（尤其是深度学习）在语音识别、图像识别、自然语言处理和推荐/搜索引擎等方面取得了变革性的技术进步。这些技术在自动驾驶、数字医疗、CRM（Customer Relationship Management）、广告、物联网等方面也具有广阔的应用前景。

5.1　机器学习概述

2016年3月，AlphaGo与围棋世界冠军、职业九段棋手李世石进行围棋人机大战，AlphaGo以4:1的总比分获胜。2017年5月，在中国乌镇围棋峰会上，AlphaGo与世界排名第一的围棋冠军柯洁对战，AlphaGo又以3:0的总比分完胜。围棋界公认AlphaGo的棋力已经超过人类职业围棋顶尖水平，随着AlphaGo的大火，机器学习获得了越来越多的关注。

5.1.1　机器学习的定义

机器学习是一门多领域交叉学科，涉及概率论、统计学、逼近论、凸分析、算法复杂度理论等多门学科。专门研究计算机怎样模拟或实现人类的学习行为，以获取新的知识或技能，重新组织已有的知识结构使之不断改善自身的性能。

机器学习是什么？是否有统一或标准定义？目前好像没有，即使是研究机器学习的专业人士在定义这个问题时也会有不同认知，也没有一个被广泛认可的定义。在维基百科上对机器学习给出了如下定义：

①机器学习是一门人工智能的科学，该领域的主要研究对象是人工智能，特别是如何在经验学习中改善具体算法的性能。

②机器学习是对能通过经验自动改进的计算机算法的研究。

③机器学习是用数据或以往的经验，以此优化计算机程序的性能标准。

美国卡内基梅隆大学机器学习研究领域的著名教授汤姆·米切尔(Tom Michell)对机器学习的定义是:“A computer program is said to learn from experience (E) with respect to some class of tasks (T) and performance (P) measure , if its performance at tasks in T, as measured by P, improves with experience E。”翻译过来就是:“如果一个计算机程序在使用既有的经验(E)执行某类任务(T)的过程中被认为是‘具备学习能力的’,那么,它一定需要展现出利用现有的经验(E),不断改善其完成既定任务(T)的性能(P)的特质”。

由此可以看出机器学习强调三个关键词:算法、经验、性能。机器学习处理流程如图5-1所示。

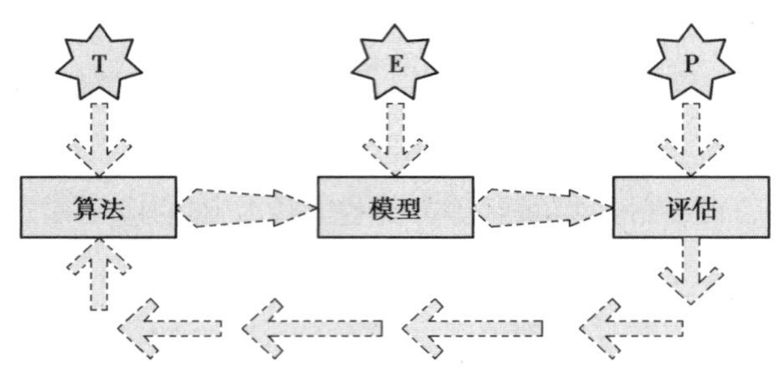

图5-1 机器学习处理流程

图5-1表明,机器学习是使数据通过算法构建出模型,然后对模型性能进行评估,评估后的指标,如果达到要求就用这个模型测试新数据,如果达不到要求就要调整算法重新建立模型,再次进行评估,如此循环往复,最终获得满意结果。

对于机器是否能超过人这一问题,有很多持否定意见的人,他们的一个主要论据是:机器是人造的,其性能和动作完全是由设计者规定的,无论如何其能力也不会超过设计者本人。这种意见对不具备学习能力的机器来说的确是对的,可是对具备学习能力的机器就值得考虑了,因为这种机器的能力在应用中不断地提高,过一段时间之后,设计者本人也不知它的能力到了何种水平。

5.1.2 大数据与机器学习

大数据,指无法在一定时间范围内用常规软件工具进行捕捉、管理和处理的数据集合,需要新的处理模式才能具有更强的决策力、洞察发现力和流程优化能力的海量、高增长率和多样化的信息资产。

大数据的核心是利用数据的价值,机器学习是使数据产生价值的关键技术。一般来讲,人们很难从原始数据本身获得有价值的信息,例如,垃圾邮件检测,单纯检测邮件中是否包含某个单词并没有太大意义,往往需要检测当某几个特定单词同时出现时,再辅以考察邮件长度以及其他因素,从而判断该邮件是否为垃圾邮件。也就是说,机器学习能够把看起来杂乱无序的数据转换成有用的信息。对于大数据而言，机器学习是不可或缺的；相反，对于机器学习而言，越多的数据会越可能提升模型的精确性，从而获得更精准的信息，可以说，机器学习的兴盛离不开大数据的帮助。大数据与机器学习两者是互相促进，相依相存的关系。

机器学习是利用数据，训练出模型，然后使用模型进行预测的一种方法。尽管机器学习的一些结果具有很大的魔力，在某种场合下是大数据价值最好的说明，但这并不代表机器学习是大数据下的唯一的分析方法。大数据中包含有分布式计算、内存数据库、多维分析等多种技术，机器学习仅仅是大数据分析中的一种而已。机器学习可以看作是人们做大数据分析的一个比较好用的工具，但是大数据分析的工具并不只机器学习，机器学习也并不只能做大数据分析。

机器学习过程中，首先需要在计算机中存储历史的数据，然后将这些数据通过机器学习算法进行处理，这个过程在机器学习中叫“训练”，最后处理的结果可以被用来对新的数据进行预测，这个结果一般称之为“模型”。对新数据的预测过程在机器学习中叫“预测”。“训练”与“预测”是机器学习的两个过程，“模型”则是过程的中间输出结果，“训练”产生“模型”，“模型”指导“预测”。

人类在成长、生活过程中积累了很多的历史与经验。人类定期地对这些经验进行“归纳”，获得了生活的“规律”。当人类遇到未知的问题或者需要对未来进行“推测”的时候，人类使用这些“规律”，对未知问题与未来进行“推测”，从而指导自己的生活和工作。

机器学习中的“训练”与“预测”过程可以对应到人类的“归纳”和“推测”过程。通过这样的对应，可以发现，机器学习的思想并不复杂，仅仅是对人类在生活中学习成长的一个模拟。由于机器学习不是基于编程形成的结果，因此它的处理过程不是因果的逻辑，而是通过归纳思想得出的相关性结论。

机器学习的任务，就是要在基于大数据量的基础上，发掘其中蕴含并且有用的信息。其处理的数据越多，机器学习就越能体现出优势，以前很多用机器学习解决不了或处理不好的问题，可以通过提供更多的数据得到解决或提升其性能，如语言识别、图像识别、天气预测等。机器学习的工作方式可以归结如下：

- 选择数据：将数据分成训练数据、验证数据和测试数据三组。
- 构建模型：使用训练数据来构建具有相关特征的模型。
- 验证模型：使用验证数据接入模型。
- 测试模型：使用测试数据检查被验证的模型的表现。
- 使用模型：使用完全训练好的模型在新数据上做预测。
- 优化模型：使用更多数据、不同的特征或调整过的参数来提升模型的性能表现。

5.1.3 人工智能、机器学习及深度学习

人工智能的浪潮席卷全球，诸多词汇时刻萦绕在人们耳边：人工智能（Artificial Intelligence）、机器学习（Machine Learning）、深度学习（Deep Learning）。然而，它们有何区别？又有哪些相同或相似的地方？

1）人工智能：从概念提出到走向繁荣

人工智能（Artificial Intelligence，AI），诞生于1956年的达特茅斯夏季会议，是科学技术迅速发展及新思想、新理论、新技术不断涌现的形势下产生的一门新学科，是一门涉及数学、计算机科学、哲学、认知心理学、心理学、信息论、控制论等学科的交叉和边缘学科，也是让生物的自然智能在计算机上得以实现，重在模拟人的思维过程和智能行为的学科。

人工智能的发展非常曲折，经历了数次大起大落，其发展历程如图5-2所示。

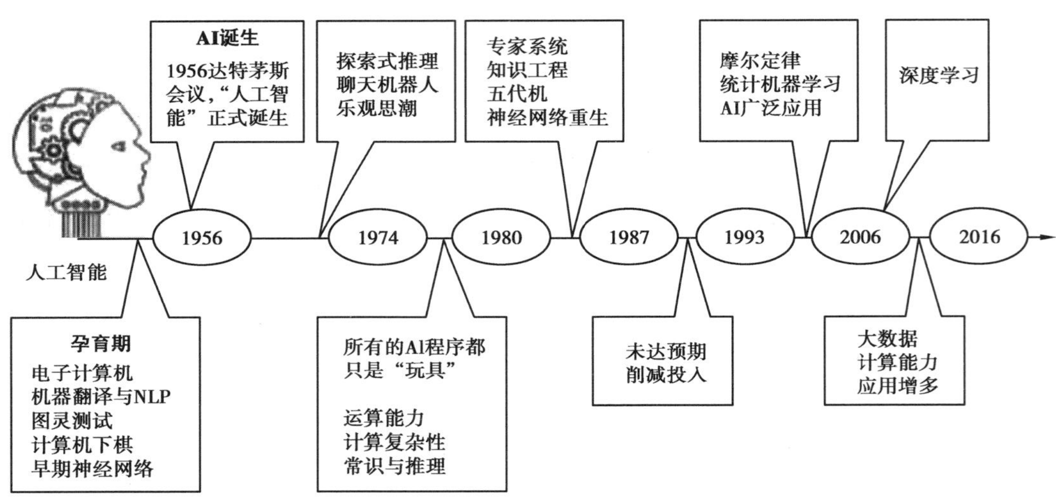

图5-2 人工智能发展历程

1956年，几个计算机科学家相聚在达特茅斯会议，提出了“人工智能”的概念，梦想着用当时刚刚出现的计算机来构造复杂的、拥有与人类智慧同样本质特性的机器。其后，人工智能就一直萦绕于人们的脑海之中，并在科研实验室中慢慢孵化。之后的几十年，人工智能一直在两极反转，或被称作人类文明耀眼未来的预言，或被当成技术疯子的狂想扔到垃圾堆里。直到2012年之前，这两种声音还在同时存在。

2012年以后，得益于数据量的上涨、运算力的提升和机器学习新算法（深度学习）的出现，人工智能开始大爆发。数据显示，我国人工智能人才缺口已超过500万，国内供求比例为1∶10，供求严重失调。国内知名职场社交平台脉脉发布的《抢滩数字时代；人才迁

徒报告2023》数据显示：人工智能成为2022年最缺人的行业。人工智能的研究领域也在不断扩大，图5-3展示了人工智能研究的各个分支，包括专家系统、机器学习、进化计算、模糊逻辑、计算机视觉、自然语言处理、推荐系统等。

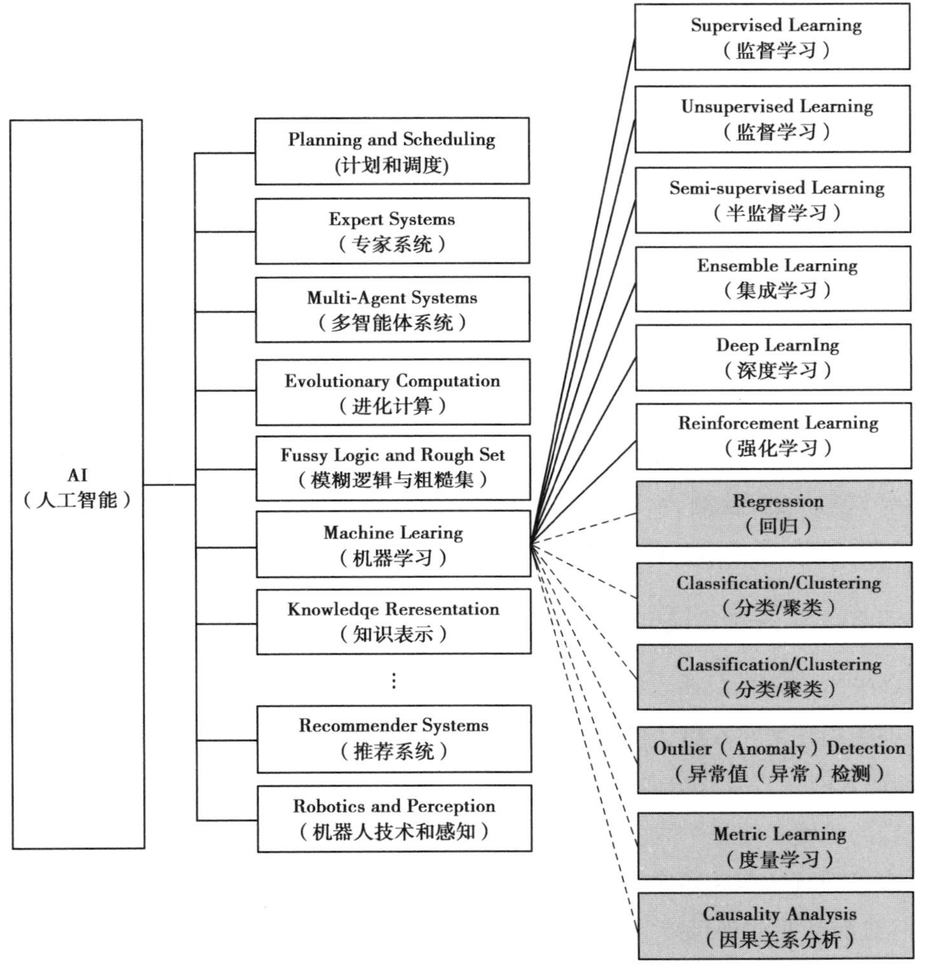

图5-3 人工智能分支领域

通常将人工智能分为弱人工智能和强人工智能，前者让机器具备观察和感知的能力，可以做到一定程度的理解和推理，而强人工智能让机器获得自适应能力，解决一些之前没有遇到过的问题。但目前科研工作都集中在弱人工智能这部分，并已经取得重大突破，电影里的人工智能多半都是在描绘强人工智能，而这部分在目前的现实世界里难以真正实现。

弱人工智能取得突破，是如何实现的，“智能”又从何而来呢？这主要归功于一种实现人工智能的方法——机器学习。

2)机器学习:一种实现人工智能的方法

机器学习最基本的做法,首先是使用算法来解析数据、从中学习,然后对真实世界中的事件作出决策和预测。与传统的为解决特定任务而编写的软件程序不同,机器学习是用大量的数据来“训练”,通过各种算法从数据中学习如何完成任务。

例如,当人们在浏览网上商城时,经常会出现商品推荐的信息。这时商城会根据客户往期的购物记录和冗长的收藏清单,识别出其中哪些是客户真正感兴趣,并且愿意购买的商品。这就是典型的机器学习决策模型,它可以帮助商城为客户提供建议并推动商品消费。

机器学习直接来源于早期的人工智能领域,传统的算法包括决策树、聚类、贝叶斯分类、支持向量机等。从学习方法上来分,机器学习算法可以分为监督学习(如分类问题)、无监督学习(如聚类问题)、半监督学习、集成学习、深度学习和强化学习。

对很多机器学习来说,特征提取不是一件简单的事情。在一些复杂问题上,要想通过人工的方式设计有效的特征集合,往往要花费很多的时间和精力。传统的机器学习算法在指纹识别、人脸检测、物体检测等领域的应用已达到了商业化的要求或者特定场景的商业化水平,但每前进一步都异常艰难,直到深度学习算法的出现。

3)深度学习:一种实现机器学习的技术

深度学习本来并不是一种独立的学习方法,其本身也会用到有监督和无监督的学习方法来训练深度神经网络。但由于近几年该领域发展迅猛,一些特有的学习手段相继被提出(如残差网络),因此越来越多的人将其单独看作一种学习的方法。

最初的深度学习是一种利用深度神经网络来解决特征表达的学习过程。深度神经网络可大致理解为包含多个隐含层的神经网络结构。为了提高深度神经网络的训练效果,人们对神经元的连接方法和激活函数等方面作出相应的调整。其实有不少想法早年间也有,但由于当时训练数据量不足、计算能力落后,因此最终的效果不尽如人意。

深度学习解决的核心问题之一就是自动地将简单的特征组合成更加复杂的特征,并利用这些组合特征解决问题。深度学习是机器学习的一个分支,它除了可以学习特征和任务之间的关联,还能自动从简单特征中提取更加复杂的特征。图5-4展示了深度学习和传统机器学习在流程上的差异。深度学习算法可以从数据中学习更加复杂的特征表

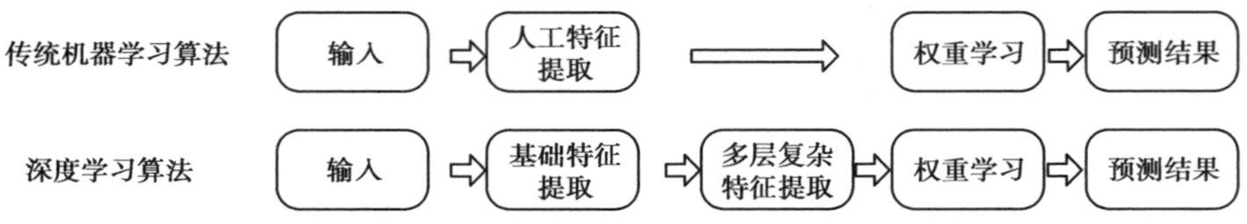

图5-4　机器学习与深度学习流程对比

达，使得最后一步权重学习变得更加简单且有效。

人工智能、机器学习和深度学习是非常相关的几个领域。图5-5说明了它们之间的大致关系。人工智能是一类非常广泛的问题，机器学习是解决这类问题的一个重要手段，深度学习则是机器学习的一个分支。在很多人工智能问题上，深度学习的方法突破了传统机器学习方法的瓶颈，推动了人工智能领域的快速发展。

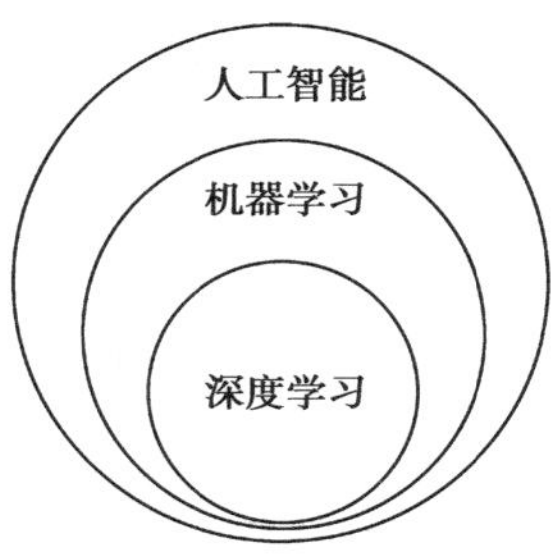

图5-5　人工智能、机器学习与深度学习关系

5.1.4　机器学习的类型

机器学习基于数据，并以此获取新知识、新技能。从解决问题的方向来讲，机器学习可以分为监督学习和无监督学习两大类型，如图5-6所示。

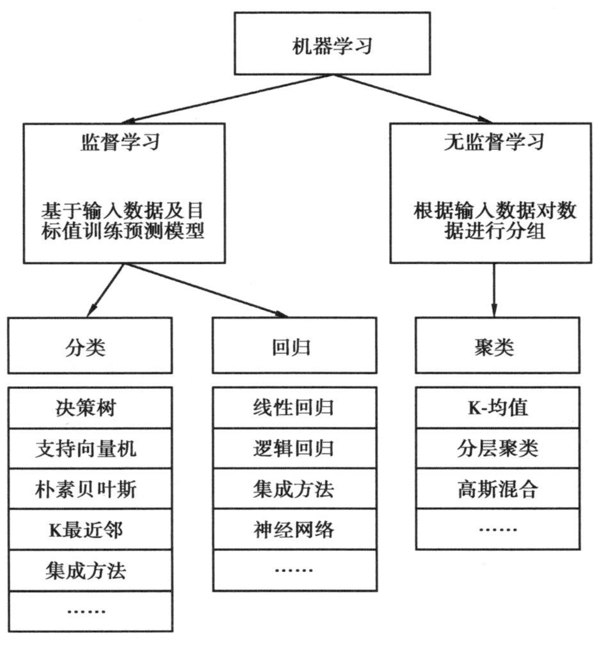

图5-6　机器学习分类

1)监督学习

监督学习是利用一组已知类别的样本调整分类器的参数,使其达到所要求性能的过程,也称为监督训练或有教师学习。监督学习是从标记的训练数据来推断一个功能的机器学习任务。它是从给定的训练数据集中学习出一个函数(模型参数),当新的数据到来时,可以根据这个函数预测结果。

监督学习的训练集要求包括输入输出,也可以说是特征和目标。训练集中的目标是由人标注的。从图5-6可见,机器学习的任务有很多,分类是其基本任务之一。分类就是将新数据划分到合适的类别中,一般用于类别型的目标特征,如果目标特征为连续型,则往往采用回归方法。回归是对新目标特征进行预测,是机器学习中使用非常广泛的方法之一。

分类和回归,都是先根据标签值或目标值建立模型或规则,然后利用这些带有目标值的数据形成的模型或规则,对新数据进行识别或预测,这两种方法都属于监督学习。

2)无监督学习

与监督学习相对的是无监督学习(也叫非监督学习),无监督学习不指定目标值或预先无法知道目标值,它是将相似或相近的数据划分到相同的组里,聚类就是解决这一类问题的方法之一。

对于无监督学习,输入的数据没有被标记,也没有确定的结果。样本数据类别未知,需要根据样本间的相似性对样本集进行分类(聚类),试图使类内差距最小化,类间差距最大化。

无监督学习的目标不是告诉计算机怎么做,而是让它(计算机)自己去学习该怎样做。无监督学习的方法分为两大类:

①基于概率密度函数估计的直接方法,其原理是设法找到各类别在特征空间的分布参数,再进行分类。

②基于样本间相似性度量的简洁聚类方法,其原理是设法定出不同类别的核心或初始内核,然后依据样本与核心之间的相似性度量将样本聚集成不同的类别。

除了监督学习、无监督学习这两类最常见的学习方法,还有半监督学习、强化学习等方法,这里就不展开了。

当接到一个数据分析、挖掘的任务或需求时,如果希望用机器学习来处理,首要的任务是根据任务或需求选择合适算法,选择哪种算法较合适?图5-7展示了机器学习算法分析的一般步骤。

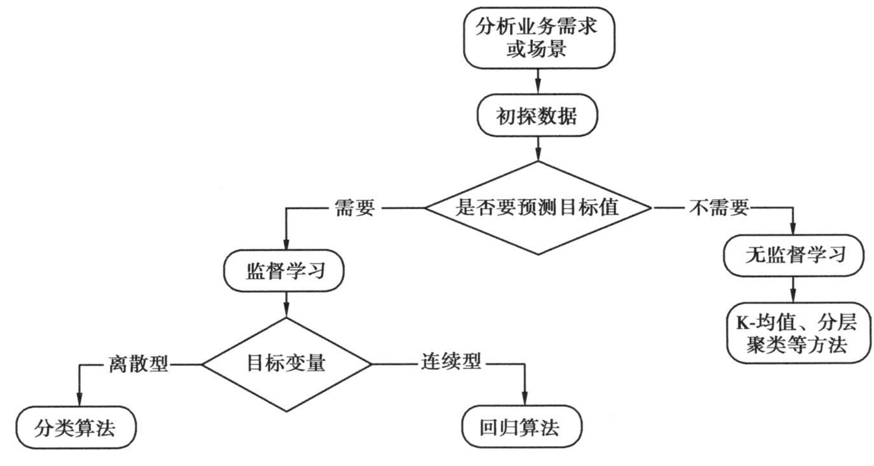

图5-7 机器学习算法选择步骤

充分了解数据及其特性,有助于人们更有效地选择机器学习算法。采用以上步骤在一定程度上可以缩小算法的选择范围,使人们少走些弯路,但在具体选择哪种算法方面,一般并不存在最好的算法或者可以给出最好结果的算法,在实际做项目的过程中,这个过程往往需要多次尝试,有时还要尝试不同算法。不过先用一种简单熟悉的方法,然后,在这个基础上不断优化,时常能收获意想不到的效果。

Spark是一个大数据计算平台,与Hadoop兼容,它立足于内存计算,天然地适应于迭代式计算。在机器学习方面,Spark具体有以下优势。

(1)完整的大数据生态系统

不仅有大家熟悉的SQL式操作组件Spark SQL,还有功能强大、性能优良的机器学习库Spark MLlib、图像计算的Spark GraphX及用于流式处理的Spark Streaming等。

(2)高性能的大数据计算平台

因为数据被加载到集群主机的分布式内存中。数据可以被快速地转换迭代,并缓存后续的频繁访问需求。基于内存运算,Spark可以比Hadoop快100倍,即使在磁盘中运算,Spark也比Hadoop快10倍左右。

(3)与Hadoop、Hive、HBase等无缝连接

Spark可以直接访问Hadoop、Hive、HBase等的数据,同时也可使用Hadoop的资源管理器。

(4)易用、通用、好用

Spark编程非常高效、简洁,支持多种语言的API,如Scala、Java、Python、R、SQL等,同

时提供类似于Shell的交互式开发环境REPL。

5.2 Spark MLlib机器学习库

Spark之所以在机器学习方面具有得天独厚的优势，主要有以下两个原因。

速度快：机器学习算法一般有很多个步骤迭代计算的过程，机器学习的计算需要在多次迭代后获得足够小的误差或者足够收敛才会停止，迭代时如果使用Hadoop的MapReduce计算框架，每次计算都要读/写磁盘以及任务的启动等工作，这会导致非常大的I/O和CPU消耗。而Spark基于内存的计算模型天生就擅长迭代计算，多个步骤计算直接在内存中完成，只有在必要时才会操作磁盘和网络，可以说Spark是机器学习的理想的平台。

通信效率高：从通信的角度讲，如果使用Hadoop的MapReduce计算框架，JobTracker和TaskTracker之间是通过心跳（Heartbeat）的方式来进行的通信和传递数据，因此执行速度会非常慢。而Spark具有出色而高效的Akka和Netty通信系统，通信效率极高。

5.2.1 Spark MLBase分布式机器学习系统

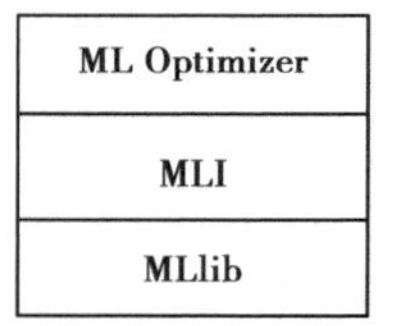

图5-8 MLBase组件

MLBase（Machine Learnig Base）是Spark生态圈的一部分，专注于机器学习，如图5-8所示。MLBase包含三个组件：MLlib、MLI、ML Optimizer。MLBase让机器学习的门槛更低，让一些可能并不了解机器学习的用户可以容易地使用MLBase这个工具来处理自己的数据。

①MLlib（Machine Learnig lib）是Spark常见的机器学习算法和实用程序实现库，包括分类、回归、聚类、协同过滤、降维以及底层优化，同时，MLlib是一个可扩充的算法库。

②MLI（Machine Learnig Interface）是一个进行特征抽取和高级ML编程抽象的算法实现的应用程序接口（Application Program Interface，API）或平台。

③ML Optimizer（Machine Learnig Optimizer）会选择它认为最适合的已经在内部实现的机器学习算法和相关参数，来处理用户输入的数据，并将得到的模型或分析结果返回给用户。

大部分的机器学习算法都包含训练以及预测两个部分，训练出模型，对未知样本进行预测。Spark中的机器学习包也是如此。

Spark将机器学习算法包分成了两个模块：

①训练模块：通过训练样本输出模型参数。

②预测模块:利用模型参数初始化,预测测试样本,输出预测值。

MLBase提供了函数式编程语言Scala,利用MLlib可以很方便地实现机器学习的常用算法。

比如说,要做分类,只需要写如下scala代码:

```
1 var X = load("some_data", 2 to 10)
//X是需要分类的数据集
2 var y = load("some_data", 1)
//y是从这个数据集里取的一个分类标签
3 var (fn-model, summary)= doClassify(X, y)
//doClassify()进行分类
```

这样的处理有两个主要好处:

①每一步数据处理很清楚,可以很容易地可视化出来。

②对用户来说,MLlib算法处理是透明的,不用关心和考虑用什么分类方法以及参数调成多少等问题。

5.2.2 Spark MLlib支持的机器学习算法

Spark MLlib基于RDD,天生就可以与Spark SQL、GraphX、Spark Streaming无缝集成,以RDD为基石,Spark的这4个子框架可联手构建大数据计算中心。

Spark MLlib是Spark对常用的机器学习算法的实现库,同时包括相关的测试和数据生成器。Spark的设计初衷就是为了支持一些迭代的Job,这正好符合很多机器学习算法的特点。MLlib目前支持4种常见的机器学习问题:分类、回归、聚类和协同过滤。MLlib支持的机器学习算法,如图5-9所示。下面简单介绍一下Spark MLlib对这4类算法的支撑。

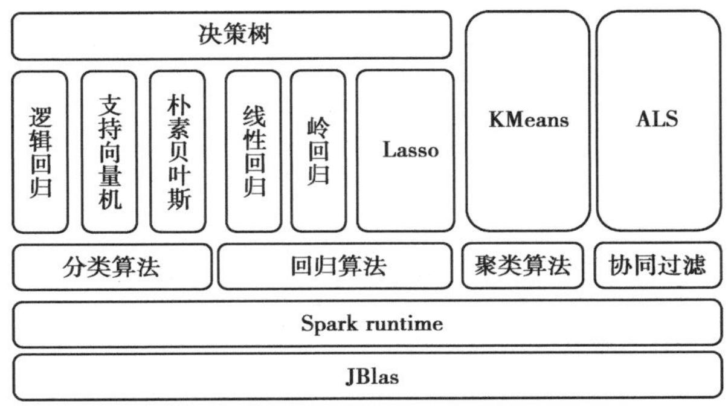

图5-9 MLlib支持的机器学习算法

1)分类算法

分类算法属于监督式学习,使用类标签已知的样本建立一个分类函数或分类模型,应用分类模型能把数据库中的类标签未知的数据进行归类。分类在数据挖掘中是一项重要的任务,目前在商业上应用最多,常见的典型应用场景有流失预测、精确营销、客户获取、个性偏好等。MLlib 目前支持分类算法有:逻辑回归、支持向量机、朴素贝叶斯和决策树。

2)回归算法

回归算法也属于监督式学习,每个个体都有一个与之相关联的实数标签,并且希望在给出用于表示这些实体的数值特征后,所预测出的标签值可以尽可能接近实际值。MLlib 目前支持回归算法有:线性回归、岭回归、Lasso 和决策树。

3)聚类算法

聚类算法属于非监督式学习,通常被用于探索性的分析,是根据"物以类聚"的原理,将本身没有类别的样本聚集成不同的组,这样的一组数据对象的集合称为簇,并且对每一个这样的簇进行描述的过程。它的目的是使得属于同一簇的样本之间应该彼此相似,而不同簇的样本应该足够不相似,常见的典型应用场景有客户细分、客户研究、市场细分、价值评估。MLlib 目前支持广泛使用的 KMeans 聚类算法。

4)协同过滤

协同过滤常被应用于推荐系统,这些技术旨在补充用户—商品关联矩阵中所缺失的部分,其中用户和商品通过一小组隐语义因子进行表达,并且这些因子也用于预测缺失的元素。MLlib 目前支持 ALS 协同过滤算法。

5.2.3 Spark MLlib 与 Spark ML Pipeline

Spark 机器学习库从 1.2 版本以后被分为两个包:Spark MLlib 与 Spark ML Pipeline。

1)Spark MLlib

Spark MLlib 历史比较长了,Spark 1.0 以前的版本中就已经包含了 Spark MLlib 库,库中提供的算法实现都是基于原始的 RDD,从学习角度上来讲,其实比较容易上手。如果您已经有机器学习方面的经验,那么您只需要熟悉下 MLlib 的 API 就可以开始数据分析工作了。然而,想要基于这个包提供的工具构建完整并且复杂的机器学习流水线是比较困难的,因此有了 Spark ML Pipeline。

2)Spark ML Pipeline

Spark ML Pipeline(机器学习流水线)从Spark1.2版本开始,目前已经从Alpha阶段毕业,成为可用并且较为稳定的新的机器学习库。ML Pipeline弥补了原始MLlib库的不足,向用户提供了一个基于DataFrame的机器学习工作流式API套件,使用ML Pipeline API,可以很方便地把数据处理、特征转换、问题正则化,以及多个机器学习算法联合起来,构建一个单一完整的机器学习流水线。显然,这种新的方式给人们提供了更灵活的方法,而且这也更符合机器学习过程的特点。

目前,Spark ML Pipeline虽然是被推荐的机器学习方式,但并不会在短期内替代原始的MLlib库,因为MLlib已经包含了丰富稳定的算法实现,并且部分ML Pipeline实现基于MLlib。同时,并不是所有的机器学习过程都需要被构建成一个流水线,有时候原始数据格式整齐且完整,而且使用单一的算法就能实现目标,Spark MLlib不失为一个很好的选择。

5.2.4 使用Spark MLlib实现K-means聚类分析

Spark MLlib提供了常用机器学习算法的实现,包括聚类、分类、回归、协同过滤、维度缩减等。使用Spark MLlib来做机器学习工作,通常只需要在对原始数据进行处理后,然后直接调用相应的API就可以实现。第2章介绍了K-means聚类算法,下面介绍用Spark MLlib实现K-means聚类分析具体方法。

1)K-means聚类算法原理

聚类分析是一个无监督学习(Unsupervised Learning)过程,一般是用来对数据对象按照其特征属性进行分组,经常被应用在客户分群、欺诈检测、图像分析等领域。K-means应该是最有名并且最经常使用的聚类算法,其原理比较容易理解,并且聚类效果良好,有着广泛的使用。

和诸多机器学习算法一样,K-means算法也是一个迭代式的算法,其主要步骤如下:

第一步 选择K个点作为初始聚类中心。

第二步 计算其余所有点到聚类中心的距离,并把每个点划分到离它最近的聚类中心所在的聚类中去。在这里,衡量距离一般有多个函数可以选择,最常用的是欧几里得距离(Euclidean Distance),也叫欧式距离。公式如下:

$$D(x) = \sqrt{\sum_{i=1}^{n}(c_i - x_i)^2} \tag{5-1}$$

式(5-1)中n:空间维数;$i = 1, 2, \cdots, n$; c_i:第i维中心点坐标;x_i:第i维非聚类中心点坐标。

第三步 重新计算每个聚类中所有点的平均值,并将其作为新的聚类中心点。

最后,重复第二、三步的过程,直至聚类中心不再发生改变,或者算法达到预定的迭代次数,又或者聚类中心的改变小于预先设定的阈值。

在实际应用中,K-means算法有两个不得不面对且需克服的问题。

①聚类个数K的选择。K的选择是一个比较有学问和讲究的问题,可以使用Spark提供的工具选择K。

②初始聚类中心点的选择。选择不同的聚类中心可能导致聚类结果的差异。

实现Spark MLlib K-means算法在初始聚类点的选择上,借鉴了一个叫K-means Ⅱ的类K-means++实现。K-means++算法在初始点选择上遵循一个基本原则:初始聚类中心点相互之间的距离应该尽可能远。基本步骤如下:

第一步 从输入的数据点集合中随机选择一个点作为第一个初始聚类点。

第二步 对于数据集中的每一个点x,计算它与最近被选出的初始聚类点的距离$D(x)$。

第三步 选择一个新的数据点作为新的初始聚类点,一般地,$D(x)$值较大的点被选作为新的初始聚类点的概率较大。

第四步 重复第二、三步过程,直到初始聚类点被选择出来。

2)MLlib的K-means实现

(1)KMeans类

Spark MLlib中K-means算法的实现类(KMeans.scala)具有以下参数,如图5-10所示。

```
class KMeans private (
    private var k: Int,
    private var maxIterations: Int,
    private var runs: Int,
    private var initializationMode: String,
    private var initializationSteps: Int,
    private var epsilon: Double,
    private var seed: Long) extends Serializable with Logging
```

图5-10 KMeans.scala参数

其参数含义具体如下:

- k:期望的聚类的个数。
- maxInterations:方法单次运行最大的迭代次数。

- runs:算法被运行的次数。K-means算法不保证能返回全局最优的聚类结果,所以在目标数据集上多次跑K-means算法,有助于返回最佳聚类结果。
- initializationMode:初始聚类中心点的选择方式,目前支持随机选择或者K-means Ⅱ方式。默认是K-means Ⅱ。
- initializationSteps:K-means Ⅱ方法中的步数。
- epsilon:K-means算法迭代收敛的阈值。
- seed:集群初始化时的随机种子。

通过下面的默认构造函数,可以看到这些可调参数具有的初始值,如图5-11所示。

```
/**
 * Constructs a KMeans instance with default parameters: {k: 2, maxIterations: 20, runs: 1,
 * initializationMode: "k-means||", initializationSteps: 5, epsilon: 1e-4, seed: random}.
 */
@Since("0.8.0")
def this() = this(2, 20, 1, KMeans.K_MEANS_PARALLEL, 5, 1e-4, Utils.random.nextLong())
```

图5-11　可调参数初始值查看

通常应用时,人们都会先调用KMeans.train方法对数据集进行聚类训练,这个方法会返回KMeansModel类实例,然后也可以使用KMeansModel.predict方法对新的数据点进行所属聚类的预测,这是非常实用的功能。

KMeans.train方法有很多重载方法,这里选择参数最全的一个重载方法,如图5-12所示。

```
@Since("1.3.0")
def train(
    data: RDD[Vector],
    k: Int,
    maxIterations: Int,
    runs: Int,
    initializationMode: String,
    seed: Long): KMeansModel = {
  new KMeans().setK(k)
    .setMaxIterations(maxIterations)
    .setRuns(runs)
    .setInitializationMode(initializationMode)
    .setSeed(seed)
    .run(data)
}
```

图5-12　KMeans.train方法的重载方法

KMeansModel.predict方法接受不同的参数,可以是向量或者RDD,返回是入参所属的聚类的索引号,其定义如图5-13所示。

```
/**
 * Returns the cluster index that a given point belongs to.
 */
@Since("0.8.0")
def predict(point: Vector): Int = {
  KMeans.findClosest(clusterCentersWithNorm, new VectorWithNorm(point))._1
}

/**
 * Maps given points to their cluster indices.
 */
@Since("1.0.0")
def predict(points: RDD[Vector]): RDD[Int] = {
  val centersWithNorm = clusterCentersWithNorm
  val bcCentersWithNorm = points.context.broadcast(centersWithNorm)
  points.map(p => KMeans.findClosest(bcCentersWithNorm.value, new VectorWithNorm(p))._1)
}
```

图5-13　KMeansModel.predict接受参数

(2)数据获取

所用到的目标数据集来自UCI Machine Learning Repository的Wholesale customer Data Set。UCI是一个关于机器学习测试数据的下载中心站点,里面包含了适用于做聚类、分群、回归等各种机器学习问题的数据集。

Wholesale customer Data Set是引用某批发经销商的客户在各种类别产品上的年消费数。为了方便处理,把原始的CSV格式转化成了两个文本文件,分别是训练用数据和测试用数据,其数据格式如图5-14所示。

Channel	Region	Fresh	Milk	Grocery	Frozen	Detergents_Paper	Delicassen
2	3	12669	9656	7561	214	2674	1338
2	3	7057	9810	9568	1762	3293	1776
2	3	6353	8808	7684	2405	3516	7844
1	3	13265	1196	4221	6404	507	1788
2	3	22615	5410	7198	3915	1777	5185
2	3	9413	8259	5126	666	1795	1451
2	3	12126	3199	6975	480	3140	545
2	3	7579	4956	9426	1669	3321	2566
1	3	5963	3648	6192	425	1716	750
2	3	6006	11093	18881	1159	7425	2098
2	3	3366	5403	12974	4400	5977	1744
2	3	13146	1124	4523	1420	549	497
2	3	31714	12319	11757	287	3881	2931
2	3	21217	6208	14982	3095	6707	602
2	3	24653	9465	12091	294	5058	2168
1	3	10253	1114	3821	397	964	412
2	3	1020	8816	12121	134	4508	1080

图5-14　客户消费数据格式

可以从图中标题清楚地看到每一列代表的含义,当然也可以到UCI网站上去找到关于该数据集的更多信息。

(3)K-means实现

根据目标客户的消费数据,将每一列视为一个特征指标,对数据集进行聚类分析,下面是聚类分析实现类源码。

```
import org.apache.spark.{SparkContext, SparkConf}
import org.apache.spark.mllib.clustering.{KMeans, KMeansModel}
import org.apache.spark.mllib.linalg.Vectors
object KMeansClustering {
def main (args: Array[String]){
if (args.length < 5){
    println("Usage:KMeansClustering trainingDataFilePath testDataFilePath numClusters
    numIterations runTimes")
sys.exit(1)
}
val conf = new
    SparkConf().setAppName("Spark MLlib Exercise:K-means Clustering")
val sc = new SparkContext(conf)
/**
*Channel Region Fresh Milk Grocery Frozen Detergents_Paper Delicassen
* 2 3
    12669 9656 7561 214 2674 1338
* 2 3 7057 9810 9568 1762 3293 1776
* 2 3 6353 8808
    7684 2405 3516 7844
*/
    val rawTrainingData = sc.textFile(args(0))
val parsedTrainingData =
    rawTrainingData.filter(!isColumnNameLine(_)).map(line => {
    Vectors.dense(line.split("\t").map(_.trim).filter(!"".equals(_)).map(_.toDouble))
}).cache()
    // Cluster the data into two classes using KMeans
    val numClusters = args(2).toInt
val numIterations = args(3).toInt
val runTimes =
    args(4).toInt
var clusterIndex:Int = 0
val clusters:KMeansModel =
    KMeans.train(parsedTrainingData, numClusters, numIterations,runTimes)
    println("Cluster Number:" + clusters.clusterCenters.length)
    println("Cluster Centers Information Overview:")

clusters.clusterCenters.foreach(
    x => {
    println("Center Point of Cluster " + clusterIndex + ":")
    println(x)
clusterIndex += 1
})
    //begin to check which cluster each test data belongs to based on the clustering
```

```
        result
        val rawTestData = sc.textFile(args(1))
    val parsedTestData = rawTestData.map(line =>
        {
        Vectors.dense(line.split("\t").map(_.trim).filter(!"".equals(_)).map(_.toDouble))
        })
    parsedTestData.collect().foreach(testDataLine => {
    val predictedClusterIndex:
        Int = clusters.predict(testDataLine)
        println("The data " + testDataLine.toString + " belongs to cluster " +
        predictedClusterIndex)
    })
        println("Spark MLlib K-means clustering test finished.")
    }
    private def
        isColumnNameLine(line:String):Boolean = {
    if (line != null &&
        line.contains("Channel"))true
    else false
    }
```

程序接受5个入参，分别是：

- 训练数据集文件路径；
- 测试数据集文件路径；
- 聚类的个数；
- K-means算法的迭代次数；
- K-means算法run的次数。

（4）程序运行

选择使用HDFS存储数据文件，运行程序之前，需要将训练和测试数据集上传到HDFS。图5-15是测试数据的HDFS目录。

Goto : /user/fams/mllib go

Go to parent directory

Name	Type	Size	Replication	Block Size	Modification Time	Permission	Owner	Group
gmm_data_test.txt	file	362 B	3	128 MB	2015-09-11 15:27	rw-r--r--	wanglong	supergroup
gmm_data_training.txt	file	64.14 KB	3	128 MB	2015-09-11 15:12	rw-r--r--	wanglong	supergroup
kmeans_data.txt	file	115 B	3	128 MB	2015-09-01 17:17	rw-r--r--	wanglong	supergroup
sample_libsvm_data.txt	file	102.28 KB	2	128 MB	2015-07-06 13:41	rw-r--r--	fams	supergroup
wholesale_customers_data_test.txt	file	587 B	3	128 MB	2015-09-11 16:28	rw-r--r--	wanglong	supergroup
wholesale_customers_data_training.txt	file	14.33 KB	3	128 MB	2015-09-02 18:06	rw-r--r--	wanglong	supergroup

图5-15 测试数据的HDFS目录

程序运行命令如下。

```
./spark-submit --class com.ibm.spark.exercise.mllib.KMeansClustering \
--master spark://<spark_master_node_ip>:7077 \
--num-executors 6 \
--driver-memory 3g \
--executor-memory 512m \
--total-executor-cores 6 \
/home/fams/spark_exercise-1.0.jar \
hdfs://<hdfs_namenode_ip>:9000/user/fams/mllib/wholesale_customers_data_training.txt \
hdfs://<hdfs_namenode_ip>:9000/user/fams/mllib/wholesale_customers_data_test.txt \
8 30 3
```

该程序运行结果如图5-16所示。

```
Cluster Number:8
Cluster Centers Information Overview:
Center Point of Cluster 0:
[1.21,2.52,21048.47,3774.720000000003,5067.36,3777.39,1136.94,1673.4]
Center Point of Cluster 1:
[1.0,3.0,112151.0,29627.0,18148.0,16745.0,4948.0,8550.0]
Center Point of Cluster 2:
[2.0,2.3125,8964.0625,20052.375,32380.1875,2185.9375,15713.4375,3184.875]
Center Point of Cluster 3:
[1.1287128712871288,2.5198019801980202,6174.608910891089,3044.792079207921,3564.9059405940593,2546.267326732673,969.3811881188119,965.7970297029703]
Center Point of Cluster 4:
[2.0,3.0,29862.5,53080.75,60015.75,3262.25,27942.25,3082.25]
Center Point of Cluster 5:
[1.0952380952380951,2.714285714285714,46865.142857142855,3534.285714285714,4976.571428571428,5285.190476190476,834.7619047619047,2137.7619047619046]
Center Point of Cluster 6:
[1.8674698795180724,2.5421686746987953,4095.686746987952,9714.674698795181,15269.819277108434,1393.3855421686749,6622.530120481928,1453.9518072289156]
Center Point of Cluster 7:
[1.0,2.6666666666666665,26959.333333333332,21274.666666666664,11952.666666666666,44137.33333333333,527.3333333333333,18750.0]

The data [1.0,3.0,3097.0,4230.0,16483.0,575.0,241.0,2080.0] belongs to cluster 6
The data [1.0,3.0,8533.0,5506.0,5160.0,13486.0,1377.0,1498.0] belongs to cluster 3
The data [1.0,3.0,21117.0,1162.0,4754.0,269.0,1328.0,395.0] belongs to cluster 0
The data [1.0,3.0,1982.0,3218.0,1493.0,1541.0,356.0,1449.0] belongs to cluster 3
The data [1.0,3.0,16731.0,3922.0,7994.0,688.0,2371.0,838.0] belongs to cluster 0
The data [1.0,3.0,29703.0,12051.0,16027.0,13135.0,182.0,2204.0] belongs to cluster 0
The data [1.0,3.0,39228.0,1431.0,764.0,4510.0,93.0,2346.0] belongs to cluster 5
The data [2.0,3.0,14531.0,15488.0,30243.0,437.0,14841.0,1867.0] belongs to cluster 2
The data [1.0,3.0,10290.0,1981.0,2232.0,1038.0,168.0,2125.0] belongs to cluster 3
The data [1.0,3.0,2787.0,1698.0,2510.0,65.0,477.0,52.0] belongs to cluster 3
The data [2.0,3.0,24653.0,9465.0,12091.0,294.0,5058.0,2168.0] belongs to cluster 0
The data [1.0,3.0,10253.0,1114.0,3821.0,397.0,964.0,412.0] belongs to cluster 3
The data [2.0,3.0,1020.0,8816.0,12121.0,134.0,4508.0,1080.0] belongs to cluster 6
The data [1.0,3.0,5876.0,6157.0,2933.0,839.0,370.0,4478.0] belongs to cluster 3
The data [2.0,3.0,18601.0,6327.0,10099.0,2205.0,2767.0,3181.0] belongs to cluster 0
The data [1.0,3.0,7780.0,2495.0,9464.0,669.0,2518.0,501.0] belongs to cluster 3
The data [2.0,3.0,17546.0,4519.0,4602.0,1066.0,2259.0,2124.0] belongs to cluster 0
Spark MLlib K-means clustering test finished.
```

图5-16 Spark MLlib实现K-means聚类分析运行结果图

K的选择是K-means算法的关键，Spark MLlib在KMeansModel类里提供了computeCost方法来选择K，该方法通过计算所有数据点到其最近的中心点的平方和来评估聚类的效果。一般来说，同样的迭代次数和算法跑的次数，这个平方和越小，代表聚类的效果越好。但是在实际情况下，还要考虑到聚类结果的可解释性，不能一味地选择使computeCost结果值最小的那个K。

5.3 TensorFlow计算框架

TensorFlow是一个开源的、基于Python的机器学习框架，在图形分类、音频处理、推荐系统和自然语言处理等场景下有着丰富的应用，是目前最热门的机器学习框架。

TensorFlow最初是由Google Brain团队开发出来的，于2015年11月首次发布，主要用于机器学习和深度神经网络方面的研究。TensorFlow的通用性使其也可广泛用于其他计算领域。除了Python，TensorFlow也提供了C/C++、Java、Go、R等其他编程语言的接口。TensorFlow灵活的架构支持在多种平台上展开计算，如台式计算机中的一个或多个CPU（或GPU）、服务器、移动设备等。

5.3.1 TensorFlow概述

TensorFlow是一个采用数据流图（Data Flow Graphs），用于数值计算的开源软件库。节点（Node）和边（Edge）是TensorFlow构建数据流图的基本元素。节点在图中表示数学操作；边则表示在节点间相互联系的多维数据数组，即张量（Tensor）。

TensorFlow最基本的一次计算流程通常是这样的：首先接受N个固定格式的数据输入，然后通过特定的函数（处理），最后将其转化为N个张量格式的输出。

一般来讲，某次计算的输出很可能是下一次计算的（全部或部分）输入。整个计算过程其实就是一个个Tensor数据的流动过程，张量从图中流过的直观图像是这个工具取名为“Tensorflow”的原因。在其中，TensorFlow将这一系列的计算流程抽象为一张数据流图（Data Flow Graph）。

1)数据流图

简单来说，数据流图（也称为计算图）就是在逻辑上描述一次机器学习计算的过程。数据流图用“节点”（Node）和“边”（Edge）的有向图来描述数学计算。“节点”一般用来表示施加的数学操作，但也可以表示数据输入（input）的起点/输出（output）的终点，或者是读取/写入持久变量（persistent variable）的终点。“边”表示“节点”之间的输入/输出关系。这些数据“边”可以传输“张量”（Tensor）。一旦输入端的所有张量准备好，节点将被分配到各种计算设备完成异步并行地执行运算。下面以图5-17为例，来说明TensorFlow的几个重要概念。

（1）节点

在数据流图中，节点通常以圆、椭圆或方框表示，代表对数据的运算或某种操作。例如，在图5-17中，就有5个节点，分别表示输入(input)、乘法(mul)和加法(add)。

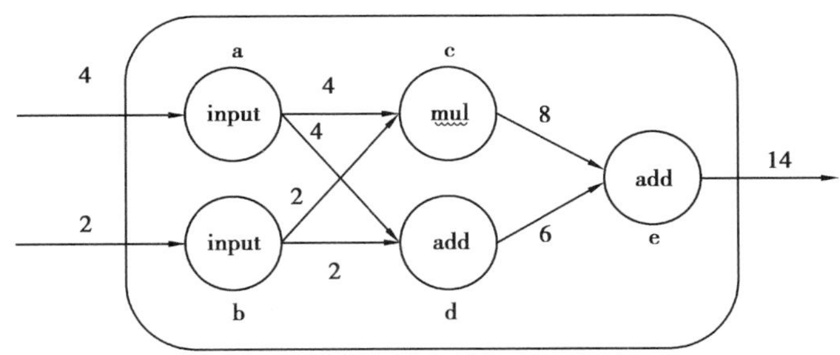

图5-17 数据流图

(2)边

数据流图是一种有向图，"边"通常用带箭头线段表示，实际上，它是节点之间的连接。指向节点的边表示输入，从节点引出的边表示输出。输入可以是来自其他数据流图，也可以表示文件读取、用户输入。输出就是某个节点的"操作(Operation，下文简称Op)"结果。在图5-17中，节点c接受两个边的输入(2和4)，输出乘法的(mul)结果8。

(3)张量

Tensorflow中所有的输入输出变量都是张量，而不是基本的int、double这样的类型，即使是一个整数1，也必须被包装成一个0维的、长度为1的张量[1]。也就是说，在TensorFlow中，所有计算数据的格式，都是一个n维数组(即张量)，如t = [[1, 2, 3], [4, 5, 6], [7, 8, 9]]，就是一个2维张量。

一个张量和一个矩阵差不多，可以被看成一个多维的数组，从最基本的一维到N维都可以。张量拥有阶、形状和数据类型。其中，形状可以被理解为长度。例如，一个形状为2的张量就是一个长度为2的一维数组，而阶可以被理解为维数。表5-1是张量和数学矩阵的对应关系，张量可以看成向量和矩阵的衍生。**向量是一维的，矩阵是二维的，而张量可以是任何维度。**

表5-1 张量与矩阵对应关系

阶	数学实例	Python例子
0	标量(只有大小)	S=200
1	向量(有大小和方向)	V=[0.2,5.4,9.8,20.2]
2	矩阵(数据表)	M=[[2,3],[5,4],[3,1]]
3	3阶张量(3维数据)	T=[[[2],[4],[6]],[[1],[3],[5]],[[10],[20],[30]]

(4)操作

操作就是数据流图中的一个节点,代表一次基本的操作过程。

(5)会话(Session)

会话负责管理协调整个数据流图的计算过程。光有数据流图还不够,如果想执行数据流图所描述的计算,还得配备一个专门的会话,来负责图计算,数据流图必须在会话中被启动,图是会话类型的一个成员。会话的主要任务是在图运算时分配CPU或GPU。

(6)执行(Runner)

在建立数据流图之后,必须使用会话中的Runner来运行图,才能得到结果。在运行图时,需要为所有的变量和占位符赋值,否则就会报错。

在本质上,TensorFlow的数据流图就是一系列链接在一起的函数构成的,每个函数都会输出若干个值(0个或多个),以供其他函数使用。在图5-17中,a和b是两个输入节点(input)。这类节点并非可有可无,它的作用是传递输入值,并隐藏重复使用的细节,从而可对输入操作进行抽象描述。

2)TensorFlow特征

TensorFlow就是一个机器学习库,图5-18罗列了2016年之前来发布的用于机器学习库时间线,可以看出,除TensorFlow外,还有很多机器学习库,如Torch、Theano、Caffe和MXNet等。它们都具有一些共性:如自动求导、开源、支持多种CPU/GPU、拥有预训练模型、支持常用的神经网络(NN)架构,如递归神经网络(RNN)、卷积神经网络(CNN)和深度置信网络(DBN)等。

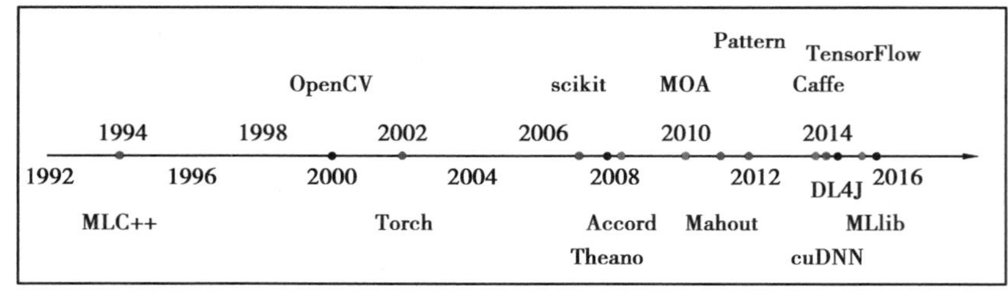

图5-18 机器学习工具演变

相对其他机器学习库,TensorFlow则还有以下特点:

①支持所有流行语言,如Python、C++、Java、R和Go。

②可以在多种平台上工作,甚至是移动平台和分布式平台。

③它受到所有云服务(AWS、Google和Azure)的支持。

④TensorFlow将Keras(一种高级神经网络API)整合。

⑤与Torch/Theano比较,TensorFlow拥有更好的计算图表可视化。

⑥允许模型部署到工业生产中,并且容易使用。

⑦有非常好的社区支持。

⑧TensorFlow不仅仅是一个软件库,它是一套包括TensorFlow、TensorBoard和TensorServing的软件。

5.3.2　TensorFlow编程思想

从内部机制上来说,TensorFlow(TF)就是通过建立数据流图来进行数值计算。所以,当使用TF来搭建模型时,其实主要涉及两个方面:根据模型建立数据流图,然后送入数据运行数据流图得到结果。数据流图中每个操作会有输入与输出,并且输入和输出都是张量,所以使用TF的操作可以构建自己的机器学习模型,其背后的TensorFlow编程逻辑就是一个数据流图。这个数据流图是静态的,即这个数据流图中每个节点接收什么样的张量和输出什么样的张量,在运行前已经固定下来了。

前面已经学过,要运行数据流图,需要开启一个会话,只有在Session中这个数据流图才可以真正运行。

图5-19所示Python代码就可以构建一个与图5-17相匹配的数据流图。

```
1  import tensorflow as tf
2
3  a = tf.constant(4, name = "input_a")
4  b = tf.constant(2, name = "input_b")
5  c = tf.multiply(a,b, name ="mul_c")
6  d = tf.add(a,b, name = "add_d")
7  e = tf.add(c,d, name = "add_e")
8
9  sess = tf.Session()
10 print(sess.run(e))
11 sess.close()
```

图5-19　构建数据流图

代码很简洁,首先导入tensorflow库,并定义一个数据流图实例tf,代码3~7行用于创建tf的a、b、c、d、e五个节点,其中,a节点为输入节点,其输入为常数4;b节点也是输入节点,其输入为常数2;c节点是乘法操作节点,其输入为a和b两个节点的输出,即4和2;d节点是加法操作节点,其输入也为a和b两个节点的输出,即4和2;e节点也是加法操作节点,其输入为c和d两个节点的输出,即8和6。第9行代码定义了一个tf会话,第10行代码，启动该会话的执行，输出节点e的操作结果，即14。

一般来讲，TensorFlow的程序由两大部分构成：

①构建数据流图（代码第3~7行）。

②运行数据流图（代码第9~11行）。

现在总结一下TensorFlow的编程思路如下：

第一步　构建一个数据流图。图中的节点可以是TensorFlow支持的任何数学操作。

第二步　初始化变量。将前期定义的变量赋初值。

第三步　创建一个会话。这才是图计算开始的地方，也是体现它"惰性"的地方，也就是说，仅仅构建一个图，这些图不会自动执行计算操作，而是还要显式提交到一个会话去执行。也就是说，它的执行，是滞后的。

第四步　在会话中运行图的计算。把编译通过的合法数据流图传递给会话，这时张量（Tensor）才真正"流动（Flow）"起来。

第五步　关闭会话。当整个数据流图无须再计算时，则关闭会话，回收系统资源。

5.3.3　TensorFlow架构

TensorFlow内核采用C/C++开发，并提供了C++、Python、Java、Go语言的Client API。其架构灵活，能够支持各种网络模型，具有良好的通用性和可扩展性。TensorFlow.js支持在Web端使用webGL运行GPU训练深度学习模型，支持在iOS、Android系统中加载运行机器学习模型。它试图能够支持任何机器学习、建模算法。TensorFlow最大的亮点之一是它的抽象编程模型。它使用的数据流图计算框架是其他机器学习框架中很少见的。因而，执行模型、优化方式等都和其他框架有所不同。

TensorFlow是一种利用数据流图进行数值计算的过程，整个框架分为两部分：

①构建阶段：创建图，用来训练神经网络。

②执行阶段：利用Session来执行图中的节点的计算，需要重复执行一系列训练操作。

1）TensorFlow系统架构

TensorFlow的系统结构以C API为界，如图5-15所示。TensorFlow将整个系统分为前端和后端两个子系统：

①前端系统：提供编程模型，负责构造数据流计算图。

②后端系统：提供运行时环境，负责执行数据流计算图。

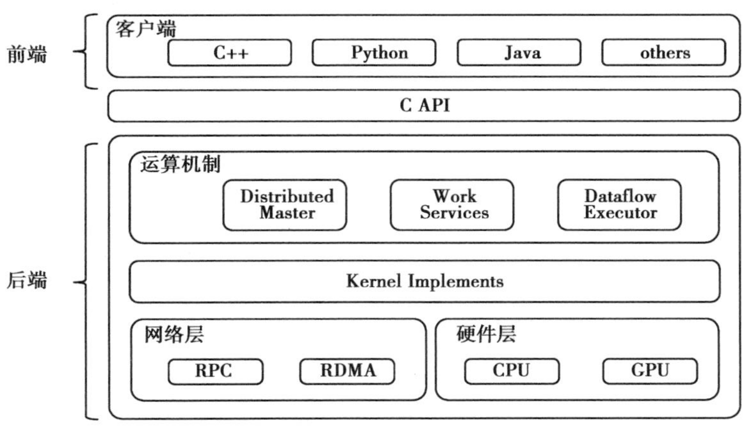

图5-20　TensorFlow系统结构

从图5-20可以看出：

①TensorFlow支持多语言的客户端，方便用户构造各种复杂的计算图，实现所需的模型设计。客户端以会话为桥梁连接后端系统，并启动计算图的执行过程。

②TensorFlow支持分布式计算，可以将计算图拆分为多个子图，以便在不同的进程和设备上并行执行。

③后端负责在硬件环境（如CPU或GPU）上调用OP的Kernel实现图的计算，并通过网络从其他后端接收计算结果或将计算结果发送给其他后端系统。

④数据操作层是OP在硬件设备上的特定实现，负责执行OP运算，如数值计算、多维数组操作、控制流、状态管理等，每一个OP根据设备类型都会存在一个优化了的Kernel实现。运行时将根据本地设备的类型，为OP选择特定的Kernel实现，完成该OP的计算。

TensorFlow数据流图的执行如图5-21所示，当编写TensorFlow程序在一个Session中运行一个数据流图时，Tensorflow执行模型是：从客户端client发一个run的请求给master端，master端发送给相应的worker，worker启动对应的CPU和GPU进行计算。这里，client、master、worker都是软件层面的组件；CPU、GPU是硬件层面的组件。

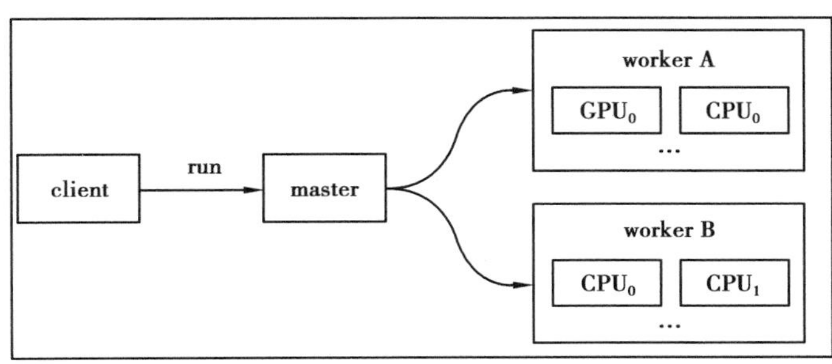

图5-21　TensorFlow数据流图执行模型

2)TensorFlow技术栈

按照TensorFlow的软件层次,TensorFlow的技术栈如图5-22所示。

层	功能	组件
视图层	计算图可视化	TensorBoard
工作流层	数据集准备，存储，加载	Keras/TF Slim
计算图层	计算图构造与优化 前向计算/后向计算	TensorFlow Core
高维计算层	高维数组处理	Eligen
数值计算层	矩阵计算 卷积计算	BLAS/cuBLAS/cuRAND/cuDNN
网络层	通信	gRPC/RDMA
设备层	硬件	CPU/GPU

图5-22　TensorFlow技术栈

整个系统从底层到上层可分为七层:

①最底层是硬件计算资源,支持CPU、GPU。

②网络层,支持两种通信协议。

③数值计算层提供最基础的计算,有矩阵计算、卷积计算。

④数据的计算都是以数组的形式参与计算。

⑤计算图层用来设计神经网络的结构。

⑥工作流层提供轻量级的框架调用。

⑦最后构造的深度学习网络可以通过TensorBoard服务端可视化。

5.3.4　基于TensorFlow的机器学习应用实例

这是TensorFlow官方教程上的第一个机器学习应用实例。

实例目标:在线性模型y=W*x+b中,不断改变W和b的值,来找到一个使loss(损失值)最小的值,本实例中的损失函数定义:预测值与真实值相减的平方求和,即loss = tf.reduce_sum(tf.square(linear_model - y))。

用的方法是梯度下降(Gradient Descent)优化算法,就是从变化速度最快的方向优化系数,TensorFlow已经将这类算法打包,开发者直接调用就可以实现。即直接调用tf.train.GradientDescentOptimizer(0.001),这里最小下降步长为0.001。

图5-23为该实例实现源代码图。

```
#导入TensorFlow模块
import tensorflow as tf
 #创建节点保存W和b，并初始化
W = tf.Variable([0.1],  tf.float32)
b = tf.Variable([-0.1],  tf.float32)
 #定义节点x,保存输入x数据
x = tf.placeholder(tf.float32)
 #定义线性模型
linear_model = W * x + b
 #定义节点y，保存输入y数据
y = tf.placeholder(tf.float32)
 #定义损失函数loss，相减的平方再求和
loss = tf.reduce_sum(tf.square(linear_model - y))
#初始化
init = tf.global_variables_initializer()
 #定义session
sess = tf.Session()
 #训练数据
x_train = [1,2,3,6,8]
y_train = [4.8,8.5,10.4,21.0,25.3]
sess.run(init)
 #定义优化器，最小下降法的步长为0.001
opti = tf.train.GradientDescentOptimizer(0.001)
train = opti.minimize(loss)
 #迭代，训练过程
for i in range(10000):
    sess.run(train,  {x:x_train,  y:y_train})
 #打印结果
print('W:%s  b:%s  loss:%s' %(sess.run(W),  sess.run(b),  sess.run(loss,  {x:x_train,  y:y_train})))
```

图5-23　基于TensorFlow的线性模型学习实现代码

本实例执行结果如下：

W:[2.982361] b:[2.0705438] loss:2.1294136

5.4　本章小结

本章介绍了机器学习的定义及大数据与机器学习之间的关系；阐明了人工智能、机器学习及深度学习的内在联系；明确了机器学习是一种实现人工智能的方法，深度学习是一种实现机器学习的技术；并从解决问题的角度，将机器学习粗略地划分为监督学习和无监督学习两大类型。

在了解了机器学习基本概念之后，本章重点介绍了Spark生态中的机器学习库Spark MLlib和Google的机器学习库TensorFlow，介绍了Spark MLlib支持的常用算法，并基于Spark MLlib实现了K-means聚类分析。

本章介绍了TensorFlow的基本元素，解析了TensorFlow的编程思想，讲解了TensorFlow基本架构，最后以简单的一元线性模型y=W*x+b作为应用实例介绍了TensorFlow的机器学习过程。

5.5 课后作业

一、简答题

1. 简述机器学习处理流程。

2. 简述大数据与机器学习的关系。

3. 简述人工智能、机器学习及深度学习三者关系。

4. 简述机器学习类型。

5. 简述Spark在机器学习方面的优势。

6. 简述Spark MLlib支持的机器学习算法。

7. 简述TensorFlow编程思想。

8. 简述TensorFlow系统架构。

二、术语解释

1. 张量

2. 会话

3. 机器学习

4. 深度学习

Chapter 6

第6章　项目实战——进出口管理风险评估大数据平台设计与实现

- 了解进出口管理风险评估大数据平台需求
- 了解进出口管理风险评估大数据平台开发流程和方法
- 掌握进出口管理风险评估大数据平台数据分析所涉及的关键技术

本章重点：

- 进出口管理风险评估大数据平台的数据分析关键技术

外贸企业是国家经济的重要组成部分，肩负着促进国家经济发展、增强国家竞争力、塑造国家形象、促进区域发展，以及承担社会责任与可持续发展的重要使命。进出口业务是外贸企业的核心业务，许多外贸企业都设有独立的进出口管理部门或相关职能部门，专门负责处理公司的进出口事务。

6.1 项目背景

大数据时代，外贸企业的进出口管理面临着许多新挑战的同时也带来了许多新的机遇。

1)数据驱动决策

大数据技术使得外贸企业能够收集、整理和分析海量的进出口相关数据。通过对这些数据的深入分析，企业可以从市场趋势、竞争情报、客户需求等多个维度获取有价值的信息，为决策提供科学依据。例如，通过数据分析，企业可以了解产品的市场需求和潜在机会，以及制订更精准的市场开拓计划和产品定位策略。

2)风险识别和管理

大数据分析技术可以帮助外贸企业更好地识别和管理风险。通过对历史数据、供应链数据和市场数据的综合分析，企业可以发现潜在的风险因素，如政策变化、市场波动、经济环境等，并及时采取相应的预防和控制措施。例如，通过对供应链数据的分析，企业可以及早发现潜在的供应链风险，如供应商的可靠性、原材料价格波动等，从而确保生产和交付的稳定性。

3)供应链优化

大数据技术可以帮助外贸企业实现供应链的优化和提升。通过对供应链各个环节进行数据分析，企业可以识别出瓶颈和低效的环节，并采取相应改进措施，以提高供应链的运作效率、降低成本，同时保证产品的质量和交付的及时性。例如，通过对库存数据和销售数据的分析，企业可以实现库存的精确管理，减少滞销和过剩的情况，从而提高资金利用率。

4)客户关系管理

大数据技术可以帮助外贸企业实现更好的客户关系管理。通过对客户数据的收集和分析，企业可以了解客户需求、偏好和行为，从而提供更加个性化的服务和定制化的产品,增强客户满意度和忠诚度。例如,企业可以根据客户的购买历史和偏好,向其推荐相关产品或提供定制化的解决方案,以满足客户需求。

5)跨境电子商务的发展

大数据技术推动了跨境电子商务的发展,使得外贸企业更便捷地开展进出口业务。通过电子商务平台和大数据分析技术,外贸企业可以实现海外市场的在线销售、跨境支付、物流追踪等一体化服务。同时,大数据技术还可以帮助企业了解不同国家和地区的消费者需求和购买行为,有效进行市场定位和推广策略。

其中,风险评估对于进出口管理具有重要影响。它可以帮助企业预警和防范潜在风险,支持决策制定,优化供应链管理,进行金融风险管理,以及确保合规性。通过有效的风险评估,企业能够更好地应对外部环境的变化,提高管理水平和企业竞争力。

随着某外贸企业进出口业务的不断扩展,该企业的进出口管理部门通过前期大量调研和论证,决定构建一个企业进出口管理风险评估大数据平台,用数据来驱动决策,使企业的进出口业务走得更稳。

6.2　进出口管理风险评估大数据平台需求分析

根据该外贸企业进出口管理部门的工作流程及对大数据平台要求的前期调研,初步明确了所开发的进出口管理风险评估大数据平台的具体需求,主要包括:平台功能需求、平台开发软件需求、平台硬件环境需求及平台数据需求四个方面。

6.2.1　平台功能需求

实现进出口商品的有效风险评估是进出口管理风险评估大数据平台的关键任务之一,所以,要求平台能够实现商品画像和风险研判两大基本功能。

1)商品画像功能

商品画像功能主要包括了商品地理分布、商品品牌分布、外贸处理情况、价格走势、原产国货值分析和商品进口趋势功能,其具体功能描述见表6-1。

表6-1　商品画像功能需求表

功能	功能描述
商品地理分布	以地图形式展示商品进口口岸分布
商品品牌分布	展示一个商品税号下的品牌分布

续表

功能	功能描述
外贸处理情况	展示一个商品税号的通关信息
价格走势	展示一定时间段内一个商品的申报价格走势、原产国价格走势、估价结果、外部电商价格走势
原产国货值分析	展示一个商品税号的主要原产国，显示货值金额
商品进口趋势	统计一段时间内的商品进口情况，进口货值金额、税收金额

2)风险研判功能

进口商品的风险研判主要包含了风险分布、风险评估覆盖率和风险矩阵分析功能，其具体功能描述见表6-2。

表6-2　风险研判功能需求表

功能	功能描述
风险分布	根据进口口岸、原产地、企业来统计风险发生的次数、占比
覆盖率	展示企业、商品税号验估指令和查验作业单、估价告知书的覆盖率
风险矩阵	展现不同等级的风险数量和详细信息

6.2.2　平台开发软件需求

根据进出口管理风险评估大数据平台的功能描述，表6-3罗列了对于所选用的开发平台的软件功能需求。上海德拓的大数据平台开发产品DANA 4.0能很好地满足全部的软件功能需求，且集大数据开发的“采、存、析、视”一体化，方便开发过程，能有效提升开发效率，故本项目拟采用DANA 4.0作为的开发平台。

表6-3　平台开发软件需求表

软件功能需求	描述
快速的数据搜索	能按需求形成数据搜索条目
高效的数据分析	能按需求形成可视化的数据分析结果
及时的数据响应	能按用户需求给予响应(毫秒级)
有效的数据融合	针对特定的数据需求，实现数据融合

6.2.3 平台硬件环境需求

表6-4从大数据硬件计算能力、网络传输能力和数据存储能力方面罗列了进出口管理风险评估大数据平台的硬件环境需求。

表6-4 平台硬件需求表

硬件需求	描述
硬件计算能力	能处理高峰期多用户并发的访问量,时延为毫秒级
网络传输能力	支持GB/S的数据传输量
数据存储能力	支持PB级的数据存储量,具备良好的可扩展性和易扩展性

6.2.4 平台数据需求

一个有效的大数据平台对数据的"采、存、析、视"等各环节都有自己特定的需求,表6-5罗列了进出口管理风险评估大数据平台不同环节对于数据的需求。

表6-5 平台数据需求表

数据需求	描述
数据存储类型	支持结构、半结构化和非结构化数据存储
数据存储容量	具备PB级的数据存储能力,具备弹性扩展能力
数据存储可靠性	实现100%数据冗余备份
数据安全性	网络安全,具备软硬件网络防护设备系统
数据处理响应速度	响应时间为毫秒级

6.3 进出口管理风险评估大数据平台设计及实现

明确了进出口管理风险评估大数据平台的主要需求,通过平台选型,确定了在上海德拓的DANA 4.0数智开发平台上实现项目开发。DANA智能大数据开发平台是上海德拓(DATATOM)自主研发的集大数据采集、存储、查询、分析挖掘、展示于一体的高效统一开发平台,致力于解决结构化、半结构化和非结构化数据的采集融合、存储治理、计算分析、数据挖掘等问题。

6.3.1 基于DANA 4.0的大数据开发流程

进出口管理风险评估大数据平台是借助于DANA 4.0大数据开发平台开发的上层应用系统,实现了对进出口商品的风险防控和进出口管理部门通关流程的科学再造。

如图6-1所示,基于DANA 4.0的进出口管理风险评估大数据平台总体开发流程可分为以下几步。

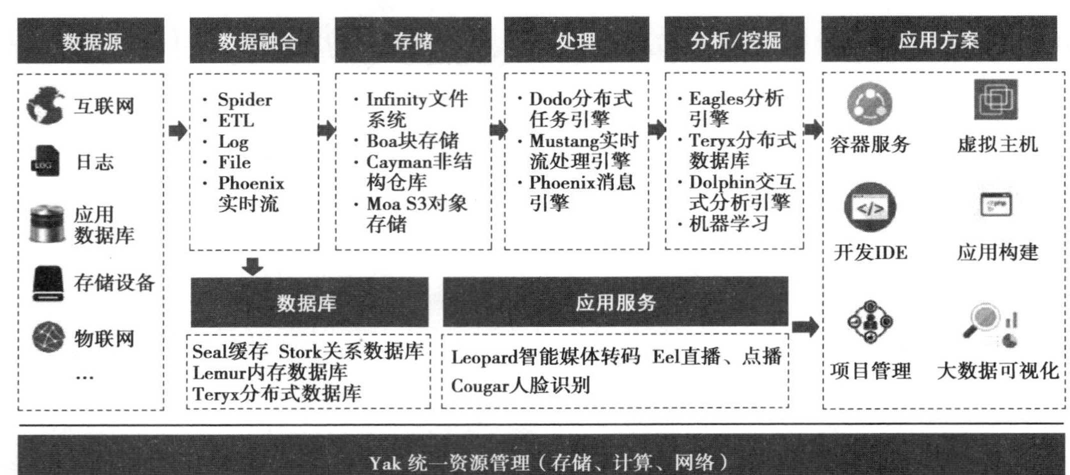

图6-1 基于DANA 4.0大数据平台开发流程图

(1)数据源分析

分析数据的来源、数据结构和数据种类。

(2)数据融合

基于数据来源和数据特性,分类建立数据模型。

(3)数据存储

基于数据源分布特点和来源方式,采用合理的数据存储方式。由于数据来源的分步性和非集中性,因此一般情况下采用分布式的存储系统。由于数据的混合性(包含结构化数据、半结构化数据和非结构化数据),不仅采用单一的关系型数据库作为数据存储系统,还采用能对混合型数据进行高效处理的NoSQL数据库(例如Cayman)。

(4)数据分析

基于项目需求,建立数据分析关键技术模型和算法模型。应用DANA 4.0开放的RESTFulAPI接口,开发数据分析层源程序。

(5)数据应用及其可视化

基于项目需求和用户体验,构建数据交互和可视化终端。

6.3.2 进出口管理风险评估大数据平台的系统架构

依据进出口管理风险评估的工作流程和内容,进出口管理风险评估大数据平台的系统架构如图6-2所示。

进出口管理风险评估大数据平台实现,系统从下到上依次为:数据采集层、数据融合层、数据存储层、数据分析层和数据应用与可视化层,其功能描述见表6-6。

数据应用和可视化层
数据分析层
数据存储层
数据融合层
数据采集层

图6-2 进出口管理风险评估大数据平台系统架构图

表6-6 系统分层描述表

系统分层	功能描述
数据采集层	原始数据的采集和传输。
数据融合层	按照系统存储要求,按照数据类型对进行初始的预处理,使数据进行结构化、半结构化和非结构化的分类,便于下步数据存储。
数据存储层	对不同类型数据采取对应的存储技术,实现数据的快速高效存储处理和访问调用。
数据分析层	应用DANA 4.0开放的RESTFulAPI接口,对平台功能核心技术和算法的实现。
数据应用与可视化层	基于项目需求,对数据应用和风险评估进行可视化处理,实现友好的人机交互界面,使数据分析结果和数据存储的可视化。

下面按照进出口风险评估大数据平台分层架构及DANA 4.0开发步骤从“采”“存”“析”“视”四个大数据开发关键环节,介绍进出口风险评估大数据平台的具体实现。

6.3.3 进出口管理风险评估大数据平台的数据采集

进出口管理风险评估大数据平台是进出口管理部门为推进通关一体化改革,依托进出口大数据的批量聚集和监控分析,建设的“风险防控中心”。其数据主要来源于两大类:一类是报关单、舱单、电子账册等单证数据;另一类是利用物联网技术对外贸进出口监管而产生的监控数据、采集数据和进出口交互数据。

进出口管理风险评估大数据平台面对的商品品种繁多,为了方便介绍,后面的分析都以红酒商品为例,对红酒商品的分析处理可以套用于其他商品。以红酒商品为例,进出口管理风险评估大数据平台所需数据来源见表6-7。

表6-7　红酒商品进出口管理风险评估数据来源

功能		数据来源
商品画像功能	商品税收分布	报关单数据中的申报口岸、表体商品编号数据
	商品品牌分布	价格资料库
	外贸处理情况	以外贸对申报单数据为基础数据，包括商品的金额、被查次数、商品种类、商品审价、原产地等数据
	价格走势	申报价格数据、估价价格数据、外部电商价格数据和原产地价格数据
	原产国货值分析	以报关单数据为基础数据，主要依据商品税号的原产国汇总货值金额
	商品进口趋势	以报关单数据为基础数据，主要依据商品税号汇总金额
风险研判功能	商品风险分布	商品数据、企业被查验数据和行业被查验数据
	进口商品风险评估覆盖率	报关单数据、验估指令作业单数据和查验作业单数据
	商品风险矩阵分析	验估指令作业单数据、查验作业单数据、税收表数据、罚没金额数据、保金保函数据、报关单数据、企业信息数据、外部电商价格数据、涉案报关单数据和外部企业数据

6.3.4　进出口管理风险评估大数据平台的数据存储

根据数据来源，进出口管理风险评估数据在数据量、数据类型、数据空间分布、数据维度以及数据相关性上呈现如下特点。

数据量庞大。进出口管理风险评估大数据平台的数据量庞大主要源于两个方面：一是数据源种类多，包括商品数据、外贸口岸数据、外贸监管数据企业数据、物流数据、电子账册数据以及通关数据等数据；另一个是数据量大，每一批次的通关商品都对应一套完整的通关数据，这些通关数据的量不会因为商品数量少而减少种类，反之会因为商品数量的增加使得商品对应数据成倍增加。

数据类型混合复杂。进出口管理风险评估数据包含了结构化数据、半结构化数据和非结构化数据。其中，结构化数据主要包括报关单、舱单、电子账册等外贸通关数据；半结构化数据主要包括商品价格电商数据、商品原产地网络收集数据等数据；非结构化数据主要包括各类单据图片凭证数据、外贸监控数据、外贸物流物联监控数据等数据。

数据多集中于外贸口岸。由于进出口管理风险评估大数据平台的应用对象为进出口商品，因而其所采集包含的数据主要来自外贸通关口岸。外贸通关口岸的空间分布性决定了数据的空间分布性。

数据多维度。维度，又称为维数，是数学上独立参数的数目。数据维度，是指数据所具备的维数。显然，在进出口管理风险评估大数据平台所拥有的数据集合里，数据是多维的，数据维度是较高的。不同的实体数据，具备不同的数据维度。例如，商品数据包含了商品原产地、商品价格、商品生产时间等不同的维度数据。企业数据包含了企业法人、企业编号、企业申报商品等不同的维度数据。由于进出口管理风险评估大数据平台的数据库包含了多类实体的数据，而每一类实体又具备多个维度的数据，因此使进出口管理风险评估大数据平台中的数据呈现多维度性。

数据相关性不一致。数据相关性是指数据之间存在的某种关系，这种关系可强可弱，甚至不相关。数据相关性不一致，是指各维度数据之间的相关性有差异，并非统一程度的。由于进出口管理风险评估大数据平台中的数据多实体性，使得同一实体所含不同维度数据之间具备较强的相关性，而不同实体间的不同维度数据具备较弱的相关性，甚至不同实体、不同维度的数据是不相关的。例如，商品所包含的商品原产地数据和商品价格数据具备较强的相关性，外贸企业所包含的企业所在地数据和企业商品通关口岸之间存在较强的相关性，而外贸企业所在地数据和商品原产地数据之间的相关性则很弱，几乎不相关。

结合上述数据特点，进出口管理风险评估大数据平台在数据存储方式上采取依据数据类型进行分类存储的方式，如图6-3所示。

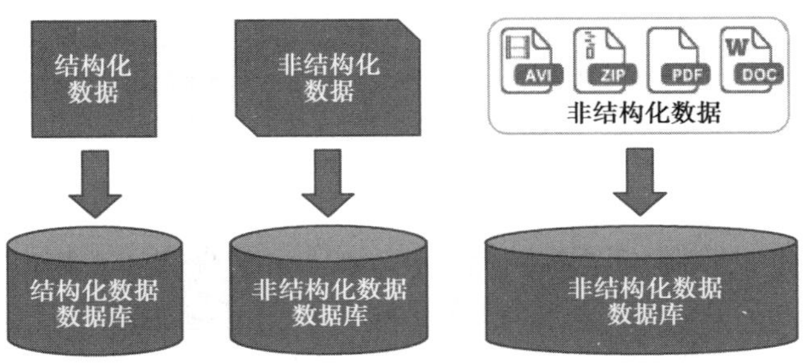

图6-3　分类存储方式示意图

图6-4为进出口管理风险评估大数据平台数据存储的总体流程。其中，数据存储并非简单地将获取到的数据入库即可，而是在数据存储入库后对数据进行必要的预处理，为后续的数据分析应用进行准备。数据预处理，主要为数据清洗。通过数据清洗，获得

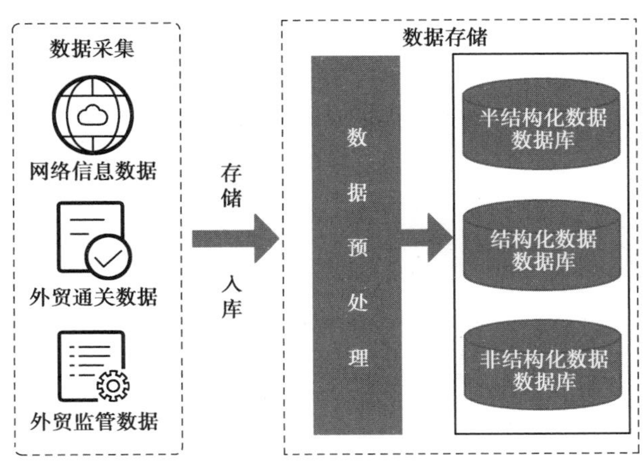

图6-4　数据存储总体流程图

后续数据分析所需要的基础数据,包括获得进出口管理风险评估大数据平台实现功能需求的数据。

进出口管理风险评估大数据平台数据同时兼具了结构化数据、半结构化数据和非结构化数据。按照数据分类存储的方式,与数据类型对应的存储技术依次为结构化数据存储技术、半结构化数据存储技术和非结构化数据存储技术。结合大数据开发平台DANA 4.0构成和基于DANA 4.0的大数据平台开发流程,进出口管理风险评估大数据平台在存储技术和工具选取见表6-8。

表6-8　数据存储技术与工具表

数据类型	存储技术类型	存储工具
结构化数据	结构化数据存储技术	Stork+Teryx
半结构化数据	半结构化数据存储技术	Eagles+Elasticsearch
非结构化数据	非结构化数据存储技术	Cayman

数据存储之前,结合进出口管理业务需求在不同口岸或岗位部署对应大数据平台,使之便于各类数据的收集。然后,通过已部署大数据平台或大数据采集工具,实现网络信息数据、外贸通关数据和外贸监管数据的采集。对采集到的数据进行预处理,主要为数据的清洗。图6-5所示为数据清洗后的效果。接下来,就是数据的存储入库。该步骤将已经预处理的数据,根据数据类型及时存入对应数据库。

	A	B	C	D	E	F	G	H	I	J	K	L
1	外贸编号	预录入号码	外贸编号校验码	进出口标志	进出口岸代码	进出口日期	申报日期	指运港(抵运港)	运输工具名	运输工具航次	运输方式代	经营单位编号
2	entry_id	pre_entry_id	id_chk	i_e_flag	i_e_port	i_e_date	d_date	destination_port	traf_name	voyage_no	traf_mode	trade_co
3	010120171000384423	000000001337538907		I	0101		2017-10-13 08:51:32	315			5	1105960H88
4	010120171000390616	000000001339689577		I	0101		2017-10-02 13:56:57	133			5	1105919008
5	010120171000391310	000000001340109789		I	0101		2017-10-01 09:21:40	1482			5	3713941816
6	010120171000391311	000000001340110601		I	0101		2017-10-01 09:23:00	143			5	3713941816
7	010120171000391312	000000001340111757		I	0101		2017-10-01 09:25:01	143			5	3713941816
8	010120171000391313	000000001340113389		I	0101		2017-10-01 09:35:53	3086			5	1116960316
9	010120171000391314	000000001340115291		I	0101		2017-10-01 10:00:18	331			5	1105962983
10	010120171000391315	000000001340116571		I	0101		2017-10-01 09:34:03	1489			5	1105966241
11	010120171000391316	000000001340117737		I	0101		2017-10-01 09:37:04	307			5	1111960684
12	010120171000391317	000000001340112147		I	0101		2017-10-01 09:38:09	2110			5	1105930284
13	010120171000391318	000000001340118751		I	0101		2017-10-01 09:38:09	132			5	1101961408
14	010120171000391319	000000001340112171		I	0101		2017-10-01 09:39:07	2110			5	1105930284
15	010120171000391320	000000001340113373		I	0101		2017-10-01 09:40:14	1331			5	1105930284
16	010120171000391321	000000001340113363		I	0101		2017-10-01 09:40:14	2110			5	1105930284
17	010120171000391322	000000001340114327		I	0101		2017-10-01 09:41:00	3166			5	1105930284
18	010120171000391323	000000001340114331		I	0101		2017-10-01 09:42:02	3166			5	1105930284
19	010120171000391324	000000001340114329		I	0101		2017-10-01 09:42:03	3166			5	1105930284
20	010120171000391325	000000001340115435		I	0101		2017-10-01 09:43:48	2110			5	1105930284
21	010120171000391326	000000001340115437		I	0101		2017-10-01 09:44:06	3166			5	1105930284
22	010120171000391327	000000001340115439		I	0101		2017-10-01 09:45:05	3166			5	1105930284
23	010120171000391328	000000001340122983		I	0101		2017-10-01 10:02:32	307			5	1114961659
24	010120171000391329	000000001340116535		I	0101		2017-10-01 09:46:08	3166			5	1105930284
25	010120171000391330	000000001340116541		I	0101		2017-10-01 09:47:09	3166			5	1105930284
26	010120171000391331	000000001340117539		I	0101		2017-10-01 09:47:53	3166			5	1105930284
27	010120171000391332	000000001340124523		I	0101		2017-10-01 09:48:24	1543			5	1114961504
28	010120171000391333	000000001340117567		I	0101		2017-10-01 09:49:12	3166			5	1105930284
29	010120171000391334	000000001340117571		I	0101		2017-10-01 09:51:15	3166			5	1105930284
30	010120171000391335	000000001340126765		I	0101		2017-10-01 09:52:17	1974			5	1114961504

dutyform_list　entry_container　entry_evaluation　entry_head　entry_list　entry

图6-5　数据清洗结果例图

6.3.5　进出口管理风险评估大数据平台的数据分析

大数据分析计算是大数据平台实现的关键环节之一,下面以红酒商品为例,详细介绍进出口管理风险评估大数据平台所使用的数据分析关键技术、算法模型以及风险评估分析过程。关于红酒风险评估的实现过程可通过扫描二维码查看。

实验八　红酒风险评估分析

1)数据分析关键技术

进出口管理风险评估大数据平台的数据分析关键技术主要体现在降维方法、数据聚类方法和风险评估方法三个方面。

(1)主成因分析法

主成因分析法(Principal Component Analysis,PCA)也称主分量分析,旨在利用降维的思想,把多指标转化为少数几个综合指标。

主成因分析法是一种降维的统计方法,借助于正交变换,将分量相关的原随机向量转化成分量不相关的新随机向量,这在代数上表现为将原随机向量的协方差阵变换成对角形阵,在几何上表现为将原坐标系变换成新的正交坐标系,使之指向样本点散布最开的p个正交方向,然后对多维变量系统进行降维处理,使之能以一个较高的精度转换成低维变量系统,再通过构造适当的价值函数,进一步把低维系统转化成一维系统。主成因分析经常用于减少数据集的维数,同时保持数据集的对方差贡献最大的特征。这是通过保留低阶主成因,忽略高阶主成因做到的。这样低阶成因往往能够保留住数据的最重要方面。

主成因分析的原理是设法将原来变量重新组合成一组新的相互无关的几个综合变量,同时根据实际需要从中可以取出几个综合变量尽可能多地反映原来变量的信息的统计方法称为主成因分析或称主分量分析,也是数学上处理降维的一种方法。

具体步骤如下:

•将原始数据按行排列组成矩阵X;

•对X进行数据标准化,使其均值变为零;

•求X的协方差矩阵C;

•将特征向量按特征值由大到小排列,取前k个按行组成矩阵P;

•用公式Vi=xi/(x1+x2+…)计算每个特征根的贡献率Vi;

根据特征根及其特征向量解释主成分物理意义。

(2)K-均值(K-means)算法

K-means算法是典型的基于距离的聚类算法,采用距离作为相似性的评价指标,即认为两个对象的距离越近,其相似度就越大。该算法认为簇是由距离靠近的对象组成的,因此把得到紧凑且独立的簇作为最终目标。

K-means算法先随机选取K个对象作为初始的聚类中心，然后计算每个对象与各种子聚类中心之间的距离，把每个对象分配给距离它最近的聚类中心。聚类中心及分配给它们的对象就代表一个聚类。一旦全部对象都被分配了，每个聚类的聚类中心会根据聚类中现有的对象被重新计算。这个过程将被迭代直到满足某个终止条件。

算法过程：

①从N个数据对象任意选择K个对象作为初始聚类中心。

②根据每个聚类对象的均值(中心对象)，计算每个对象与这些中心对象的距离；并根据最小距离重新对相应对象进行划分。

③重新计算每个(有变化)聚类的均值(中心对象)。

④循环②到③直到每个聚类符合终止条件为止。

终止条件：

①没有(或最小数目)对象被重新分配给不同的聚类。

②没有(或最小数目)聚类中心再发生变化。

③误差平方和局部最小。

(3)决策树

决策树(Decision Tree)是在已知各种情况发生概率的基础上，通过构成决策树来求取净现值的期望值大于等于零的概率，评价项目风险，判断其可行性的决策分析方法，是直观运用概率分析的一种图解法。由于这种决策分支画成图形很像一棵树的枝干，因此称决策树。决策树是一种树形结构，其中每个内部节点表示一个属性上的测试，每个分支代表一个测试输出，每个叶节点代表一种类别。

决策树法的关键步骤：

画出决策树。画决策树的过程也就是对未来可能发生的各种事件进行周密思考、预测的过程，并把这些情况用树状图表示出来。先画决策点，再找方案分枝和方案点，最后再画概率分枝。

推算概率值。由专家估计法或用试验数据推算出概率值，并把概率写在概率分枝的位置上。

计算益损期望值。从树梢开始，由右向左的顺序进行用期望值法计算。若决策目标是盈利时，比较各分枝，取期望值最大的分枝，其他分枝进行修剪。

决策树法可以进行多级决策。多级决策(序贯决策)的决策树有两个或以上决策点。

决策树的算法框架为：

决策树主函数。该函数的主要功能是按照某种预定规则生成决策树的各个分支，并根据终止条件结束算法。该函数主要完成如下功能：

功能1:输入需要分类的数据集和标签。

功能2:根据分类规则得到最优划分特征,并创建特征的划分节点,即计算最优特征子函数。

功能3:按照上述特征的值将数据集划分为若干部分,即划分数据集子函数。

功能4:根据划分数据集子函数的计算结果构建新的节点,生长新的分支。

功能5:检验是否符合递归的终止条件。

功能6:将划分的新节点包含的数据集和类别标签作为输入,递归执行上述步骤。

计算最优特征子函数。该函数用于计算最优特征。

划分数据集函数。该函数的主要功能为分隔数据集。

分类器。该函数通过遍历整个决策树,让测试数据找到决策树叶子节点对应的类别标签(即返回结果)。

2)数据分析算法模型

以红酒类商品为例,对算法总体思路和算法模型进行介绍。

(1)总体思路

进出口管理对商品进行风险评估的总体流程分为:降维分析、聚类划分、决策树生成、决策树训练和风险评估,如图6-6所示。

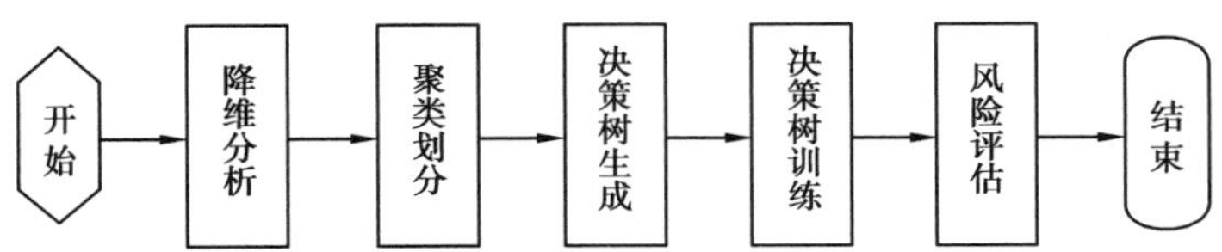

图6-6 风险评估算法总体流程图

降维分析。从报关单的红酒类商品的商品规格字段(g_model)中,提取出红酒的商品规格描述,如品牌名称、年份、产区、等级、酒精度数、包装规格、葡萄比例等信息,用主成因分析法(PCA)对商品要素进行降维分析,得出影响红酒价格的主要三个因素为产区、年份、等级。

聚类划分。用K-means方法对红酒的申报价格进行价格区间的分类,得出不同的价格区间。

风险评估。用决策树来分析每个价格区间中产区、年份、等级这三个要素的主要特征,然后根据新的申报单中的产区、年份、等级来判断该项商品应该属于哪个价格区间,判断这项商品的申报单价是否在价格区间内。如果是,则该单申报价格无风险;若不是,则有风险。

(2)算法模型

主成因分析算法模型,如图6-7所示。

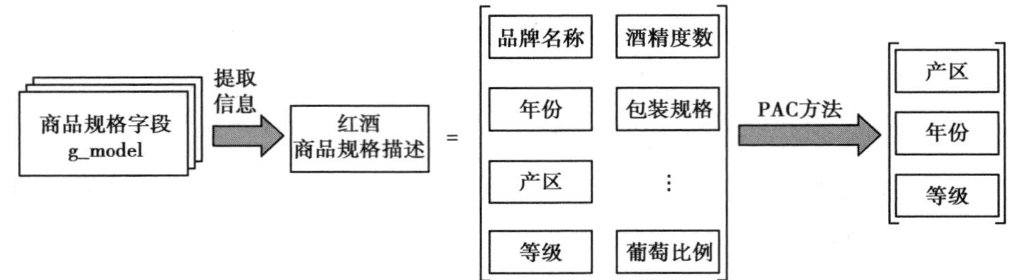

图6-7 主成因分析算法模型

K-means算法模型,如图6-8所示。

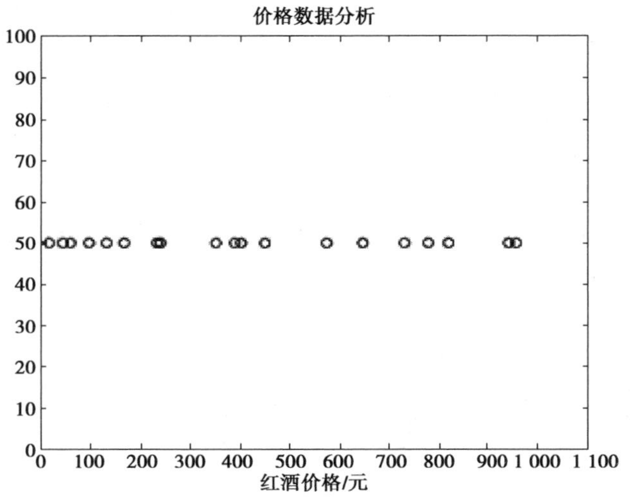

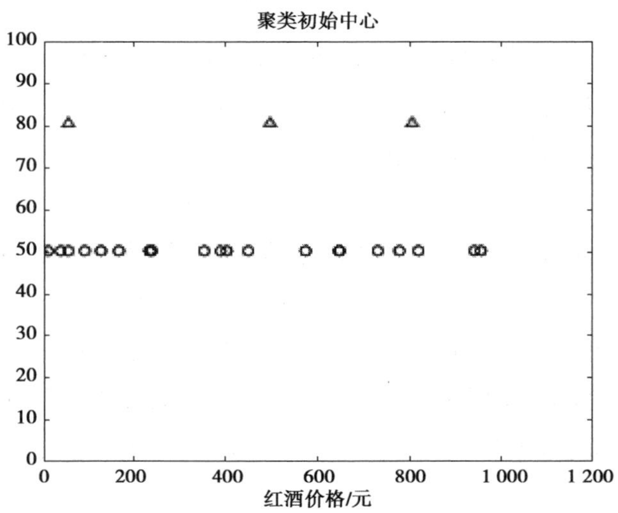

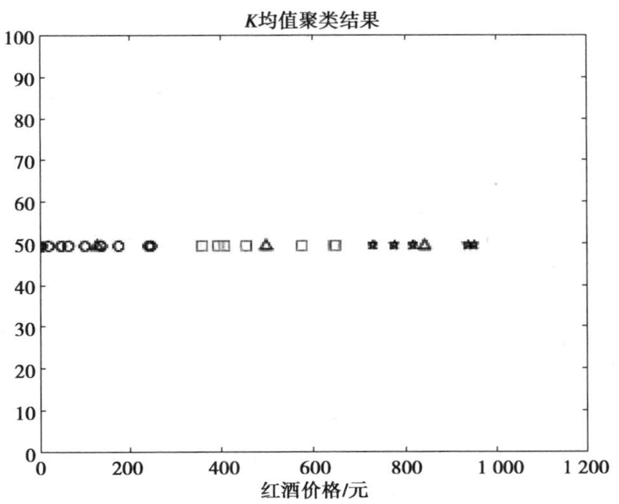

图6-8　K-means 算法模型图

决策树算法模型,如图6-9所示。

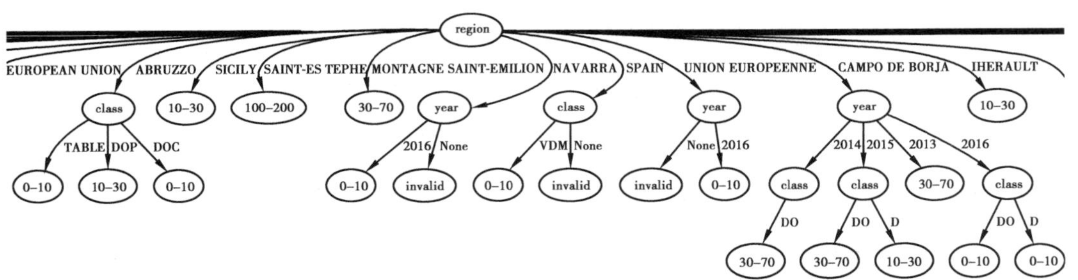

图6-9　决策树算法模型图

在上述两步中,已经对红酒价格进行了主成因分析,降维和聚类划分得到价格区间,风险评估算法模型中用于生成决策树的特征为:产区、年份和等级,决策树的叶子节点为价格区间。

利用先验数据训练决策树后,就可对后续红酒报关数据进行风险评估。基于决策树的评估模式,如图6-10所示。

(3)红酒风险评估过程

图6-11为进出口管理风险评估大数据平台对红酒进行风险评估的总体流程。

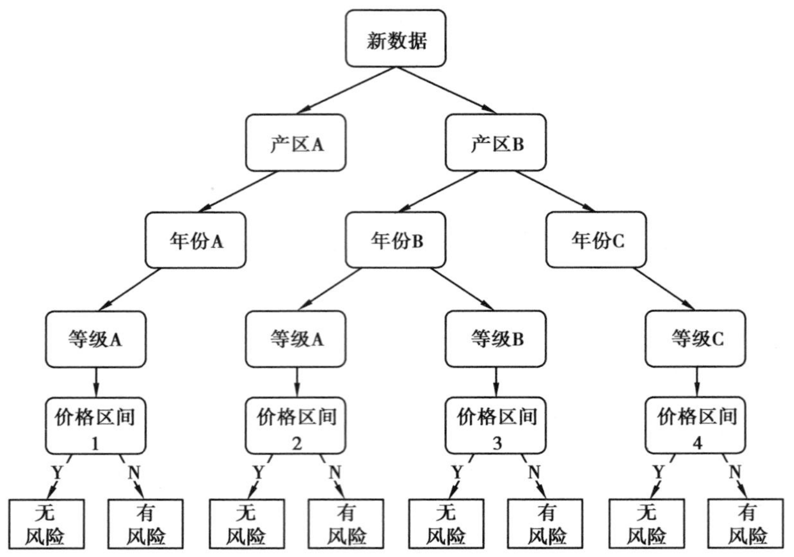

图6-10　风险评估算法图

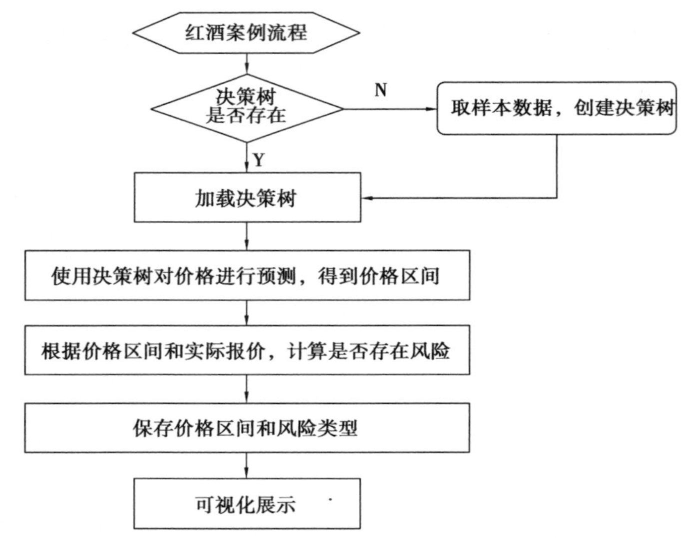

图6-11　红酒案例总体流程图

红酒风险评估的具体实现过程如下：

①从报关单表体(entry_list)中提取出201710(即2017.10月份，下同)的红酒(2204*)的数据；

②从商品规格(g_model)这个字段中，提取年份、等级、产区等信息，利用PCA方法分析得出，影响价格最大的三个要素为年份、等级、产区。

③计算出新的201710的申报单价；

$$\text{new\_decl\_price\_10} = \frac{entry\_list\_201710.decl\_total}{entry\_list\_201710.g\_qty}$$

至此，可以得到一个有申报单价、年份、等级、产区的新表，降维分析后的结果见表6-9。

表6-9　红酒数据降维分析后结果

No	Year	Class	Region	New_decl_price_10
1	2012	AOC	Bordeaux	3.5
2	2013	AOP	Bordeaux	2.3
3	2014	VDT	Spain	1.3
4	2010	NoClass	France	1.9
…	…	…	…	…

④利用K-means对New_decl_price_10进行分类，得出10个价格区间。对每一条数据，做一个价格区间的标签，K-means分析后的结果见6-10。

表6-10　红酒案例K-means分析后结果

No	Year	Class	Region	New_decl_price_10	Price_range
1	2012	AOC	Bordeaux	3.5	P1
2	2013	AOP	Bordeaux	2.3	P1
3	2014	VDT	Spain	1.3	P2
4	2010	NoClass	France	1.9	P2
…	…	…	…	…	…

⑤利用决策树，分析维度为Year、Class、Region，分析对象为New_decl_price_10；正常情况下，得到图6-9的决策树模型。

⑥从报关单表体（entry_list）中提取出2017.11月份的红酒类（2204*）的数据。

⑦重复第⑤步和第⑥步。

第⑧步将第⑦步中得到的新的New_decl_price_201711带入第⑤步的决策树模型中，判断New_decl_price_201711是否在相对应的价格区间内，从而进行相应的风险等级判断。

6.3.6　进出口管理风险评估大数据平台的实现效果

进出口管理风险评估平台功能实现效果如下。

1)商品画像功能

如图6-12所示,商品画像功能总体上实现了商品税收分布画像、原产国货值分析画像、商品品牌分布画像、外贸处理情况画像、价格走势画像和商品进口趋势画像。

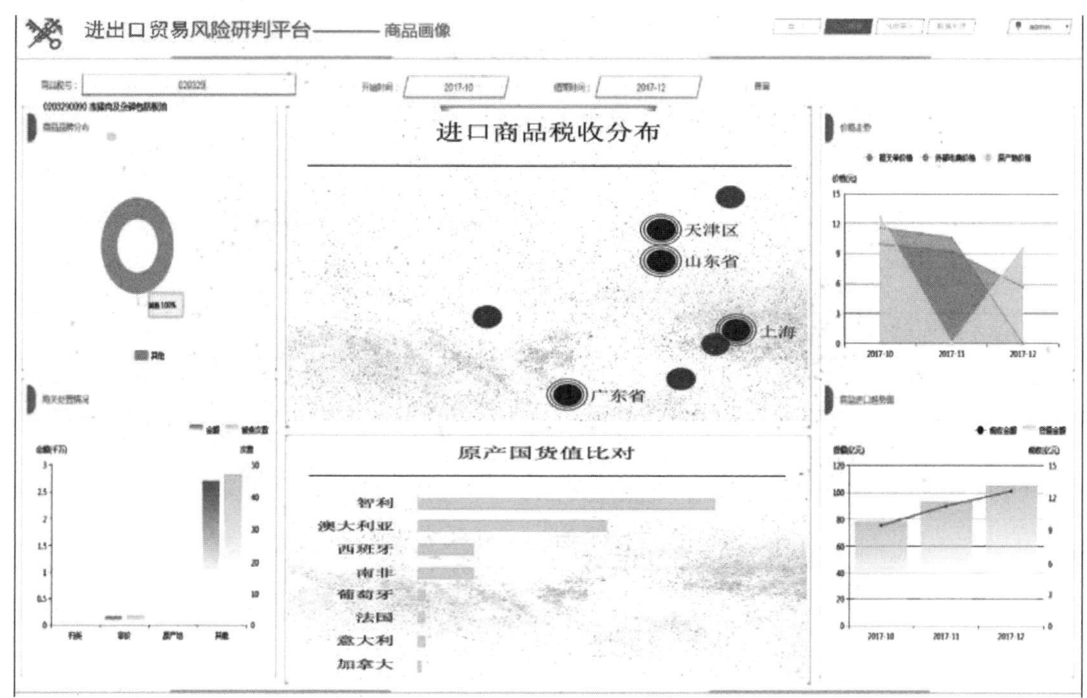

图6-12　商品画像功能界面

(1)商品税收分布

图6-13为进口商品税收分布。该功能在数据分析时以报关单表头中的申报口岸和表体商品编号为基础数据,根据商品编号汇总税收金额分析商品进口口岸、税收金额。

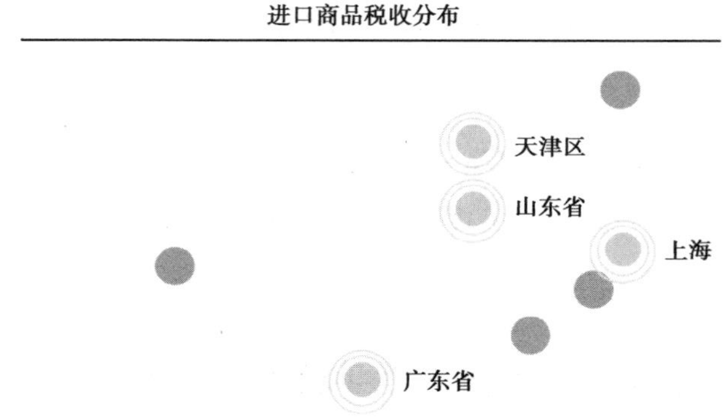

图6-13　进口商品税收分布

(2)原产国货值分析

图6-14为原产国货值比对。该功能在数据分析时以报关单表体为基础数据,根据商品税号的原产国汇总货值金额,分析商品税号的原产国货值金额。

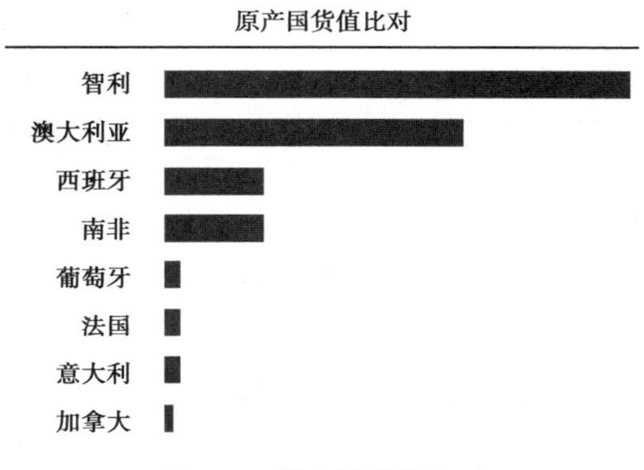

图6-14　原产国货值比对

(3)商品品牌分布

用饼图展示一个商品税号下的品牌分布,如图6-15所示。该功能在数据分析时以价格资料库为基础数据,找出每个税号下的品牌名称,分析商品品牌名称分布情况。

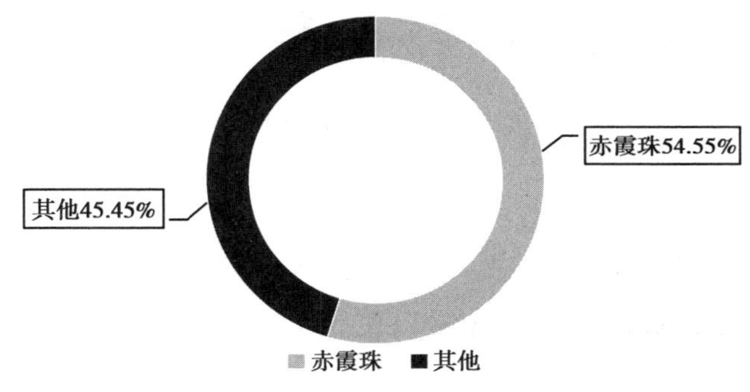

图6-15　商品品牌分布

(4)外贸处理情况

用柱形图展示外贸的处理情况,如图6-16所示。该功能在数据分析时以外贸对申报单的处理数据为基础数据,根据商品的金额、被查次数、商品种类、商品审价、原产地等数据,分析外贸对进口商品的处置情况。

(5)价格走势

图6-17展示了一定时间段内一个商品的申报价格走势、原产国价格走势、估价结果、外部电商价格走势。该功能在数据分析时以申报价格、估价价格、外部电商价格和原产地价格为基础数据,根据商品税号和品牌进行汇总,分析申报价格、外部电商价格和原产

地价格的走势。

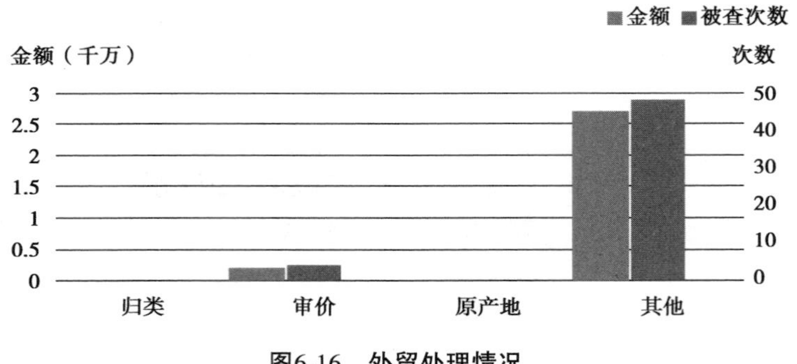

图6-16 外贸处理情况

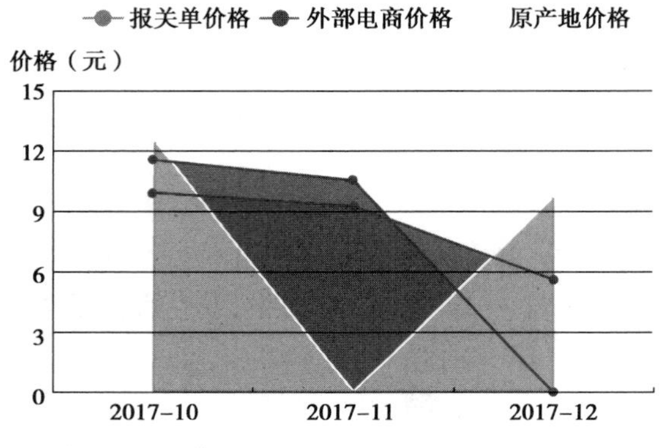

图6-17 价格走势分析

(6)商品进口趋势

该功能为统计一段时间内的商品进口情况,进口货值金额、税收金额。在数据分析时以报关单表体为基础数据,根据商品税号汇总金额,分析商品税号的货值金额和税收金额的趋势,如图6-18所示。

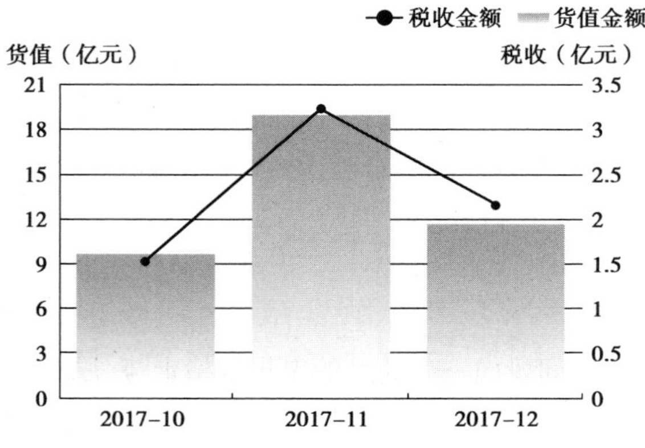

图6-18 商品进口趋势分析实现效果图

2)风险评估功能

风险评估功能实现了对进口商品风险分布、进口商品风险评估覆盖率和商品风险矩阵分析的功能。

(1)风险分布

风险分布功能分进口口岸、原产地、企业三个维度来统计风险发生的次数、占比等风险数据。该功能在数据分析时以商品、企业被查验次数和行业被查验次数为基础数据,根据口岸、原产地、企业的被查验次数来统计该企业在行业中的风险占比,分析口岸名称、原产地名称、企业名称、被查验次数以及风险占比情况。

(2)风险评估覆盖率

风险评估覆盖率功能展示企业、商品税号验估指令和查验作业单、估价告知书的覆盖率。该功能在数据分析时以企业、商品税号的报关单数量、验估指令数量和查验作业单数量为基础数据,按照公式:

风险评估覆盖率=企业、商品税号的验估指令(查验作业单)数量÷企业、商品税号的报关单数量。

(3)风险矩阵

风险矩阵功能用矩阵的形式来展现不同等级的风险数量和详细信息。该功能在数据分析时以验估指令作业单、查验作业单、税收表、罚没金额、保金保函、报关单、企业信息、外部电商价格、涉案报关单和外部企业数据为基础数据,分析商品的风险,得到商品的风险矩阵。

6.4　本章小结

本章介绍了进出口管理风险评估大数据平台的项目背景,从功能、软件、硬件及数据多方面分析了项目需求,以红酒商品为例,详细阐述了进出口管理风险评估大数据平台设计与实现过程。

6.5 课后作业

简答题

1. 简述进出口管理风险评估大数据平台的项目需求。

2. 简述进出口管理风险评估大数据平台所涉及的关键技术。

3. 简述进出口管理风险评估大数据平台的系统架构。

4. 简述进出口管理风险评估大数据平台的开发流程。

参考文献

[1] 何金池.大数据处理之道[M].北京:电子工业出版社,2016.

[2] 刘鹏,于全,杨震宇,等.云计算大数据处理[M].北京:人民邮电出版社,2022.

[3] 丁维龙,赵卓峰,韩燕波.Storm:大数据流式计算及应用实践[M].北京:电子工业出版社,2023.

[4] 陈建平,陈志德,席进爱.大数据技术与应用[M].北京:清华大学出版社,2020.

[5] 安俊秀,靳宇倡.云计算与大数据技术应用[M].北京:机械工业出版社,2019.